设计未来系列丛书

时尚 · 媒体 · 趋势
Fashion Media Trends
可持续生活下的时尚设计
Fashion Design for Sustainable Living

丁肇辰　尹丽贤　编著

中国纺织出版社有限公司

内 容 提 要

在当今瞬息万变的时尚产业中，追踪和深刻理解行业趋势已成为至关重要的任务。本书精心汇集了2020—2023年北京服装学院"时尚媒体趋势"课程中，教授、行业专家和学生之间的深入对话与问答。这些内容不仅涵盖了专家对当前时尚趋势的独到见解，还包括他们在设计思考、实际操作经验和专业观点等方面的深刻分析。文中揭示了当下时尚产业的趋势，并提供了深度的设计思考。此外，读者还可以通过书中的内容，深入了解时尚产业的最新动态，特别是在可持续发展设计方面的创新理念和实用指导。

本书适合时尚设计相关专业的本科生与研究生阅读，以及对趋势发展感兴趣的读者参考。

图书在版编目（CIP）数据

时尚·媒体·趋势：可持续生活下的时尚设计 / 丁肇辰，尹丽贤编著． --北京：中国纺织出版社有限公司，2024．9． --（设计未来系列丛书）． -- ISBN 978-7-5229-2136-5

Ⅰ. TS941. 2

中国国家版本馆 CIP 数据核字第 2024AS3742 号

责任编辑：李春奕　张艺伟　　责任校对：高　涵
责任印制：王艳丽

中国纺织出版社有限公司出版发行
地址：北京市朝阳区百子湾东里 A407 号楼　邮政编码：100124
销售电话：010—67004422　传真：010—87155801
http://www.c-textilep.com
中国纺织出版社天猫旗舰店
官方微博 http://weibo.com/2119887771
北京华联印刷有限公司印刷　各地新华书店经销
2024 年 9 月第 1 版第 1 次印刷
开本：710×1000　1/12　印张：12
字数：205 千字　定价：88.00 元

编委会成员

序一　流行趋势的产生与遇见

　　流行趋势长期以来被认为专属于设计领域，实则不然。流行趋势与每个人的生活息息相关，它不仅是一个时期内的社会范围或某一群体中广泛流传的生活方式，也是时代背景的一种表现方式。每个时期的流行趋势，必然都会对那个时代人们的生活行为、生活方式及观念意识产生深刻的影响。

　　当代流行趋势由公众选择，消费者在制造时代的流行趋势，而设计师在满足消费者的需求。从表面上看，掌握流行引领权的人是创造流行样式的设计师和选择流行样式的商客，而在现实中，他们都只是特定类型消费者或者特定消费层的代理人，真正的流行只能通过消费者集体的选择来实现。流行也如博弈，比赛双方是预测工作者和设计师，能精确预测流行趋势的一方将能胜出。对设计师而言，井然有序的思考和准确可靠的指引有助于提升流行趋势预测的精准性。流行趋势的预测是一个科学系统的工程，国内外均有众多专业的时尚预测机构与专家，每年都会有各类杂志、网站或期刊发布关于未来半年至一年或更长时期流行趋势的预测报告。因此，长期以来，对多数设计师而言，并不需要专门去制作专业的流行趋势预测报告，只需要根据外部专业人士或者机构提供的整体流行趋势预测报告，再结合本地市场及品牌的具体市场表现来制定出适合本品牌及本地市场的总结性及预测性报告，为新一季节产品开发的方向提供重要依据。然而，这种方式在今天已经失去了其高效性，无法快速适应消费者需求。

　　时代在发展，借助科技手段对流行趋势的精确预测不再是难事。如今，每个人都拥有对众多最新最潮的数字工具免费使用的权限，获取流行趋势的渠道和方法随处可见。因此，今天所有设计专业的学生都应该主动培养自己对流行的敏感度，在时代的洪流中不做盲目的跟随者，而要主动地、有意识地做流行趋势的引领者。"时尚媒体趋势"课程通过分享具备实操性的工具和建议，引导学生、设计行业从业者在实际工作中关注流行趋势，适应时代发展需要，为时尚行业的发展与变革培养优秀人才。

贾荣林

2024年3月23日

序二 时尚产业趋势的研究方法

目前，全球有约3亿人在时尚相关的产业链中工作，时尚产业作为价值约3万亿美元的巨大产业遍布全球。时尚产业的运作包括各类角色，除消费者与高级定制时装，以及与线上线下零售商有直接联系的品牌外，还包括生产与销售面辅料的企业，生产服装的工厂以及手工艺者等。另外，时尚产业还涵盖了市场营销与时装秀等相关人员，其中包含模特、造型师、发型师、化妆师、模特经纪人及摄影师等。总之，时尚产业是一个极其复杂的系统。据推测，时尚产业的规模在未来还将继续增长，而因其庞大的规模、复杂的体系、广泛的影响，时尚产业正在以不同的方式对一个国家的环境发展、经济建设以及文化建设等多方面产生着重大影响。

如今中国时尚的发展迎来了全新的局面，在某种程度上显示着中国在全球时尚界的昂扬斗志。当代中国的时尚产业不仅仅是满足人民物质消费层面的需求，更是中国传统文化的表达和中国人生活方式的展示。比如以故宫为主题推出的众多现象级文创产品、化妆品和工艺品等，其中许多产品做工精致细腻，是对古老技艺的再现，也是对传统文化的展示。国人文化自信不断提升，技术浪潮与商业实践不断推陈出新，为时尚产业带来了前所未有的发展机遇。而在这样的背景下，对时尚产业的趋势研究必不可少。时尚从业人员若能掌握时尚趋势研究的思路和方法，对于提升中国时尚产业在全球时尚产业中的竞争优势，让本土品牌在世界脱颖而出，以崭新的姿态伫立于世界时尚之林等方面将具有重要意义。

"时尚媒体趋势"课程结合社会需求，通过精心设计课程内容，教给学生时尚产业趋势研究的方法，让年轻一代在如今瞬息万变的潮流时代具备设计专业学生必备的素质和能力。课程从流行趋势中蕴含的基本要素、流行趋势的发展方向、流行的速度、整体视觉概念等方面讲授了时尚产业的趋势研究内容，并结合实例指出时尚产业趋势研究过程中要关注的问题，如潮流预测与实际潮流的共同性与差异性、引起历史潮流变化的因素、时尚产业趋势的生命周期、时尚产业所处阶段及剩余生命周期、预测技术与工具、流行趋势持续跟踪与更新等。总的来说，这是一门适应当下所有设计专业学生需求的课程，而本书是对这门课程的概括与提炼。

吴小华

2024年3月23日

从数字时尚媒体中了解趋势

　　时尚媒体是在特定时间与环境下，向人们传播美学文化、思想、潮流等具有艺术造诣和流行美学表达的一种传播载体。"时尚媒体"可拆解为"时尚"与"媒体"两个词进行解读，"时尚"是指一种流行在一定时间和一定环境中的美学表达，特别是服装、鞋类、配饰、发型、化妆品和生活方式。"媒体"是指在信息传播过程中，从传播者向接受者传递各种信息的物质工具与手段，如杂志、电视、广播、报刊、网络等。如今，传统时尚媒体仅是人们情怀下的存留者，数字化时尚媒体俨然已是主流，其在形式上多表现为网站和社交媒体，早已经是具备灵活多样、浏览便捷、不受时间与空间限制等特点的媒介载体。例如，时尚杂志 *Vogue* 早在21世纪初就拓展了电子订阅频道，《瑞丽》杂志品牌旗下的《瑞丽时尚先锋》仅保留电子版并大力发展电商业务。可见传统媒体应顺应瞬息万变的数字化技术，让数字时尚媒体成为获取趋势信息的主要来源，而且让趋势关注者具备捕捉未来的机会。

　　"趋势"对于设计师具有重要意义和启示，华尔街知名技术分析大师马丁·茨威格（Martin Zweig）曾在他的《规则手册》一书中提到，"趋势是你的朋友"。趋势是市场和企业所共同关注的焦点，每个时代其皆有大行其道之势，专业人士若能准确把握趋势或预测趋势，对其今后行业发展至关重要。趋势也反映出当前消费者对于产品的需求和喜好，设计师紧密关注趋势可更好地满足消费者，并有助于在提高其自身创意和创新能力的同时推动设计服务的更新迭代。通过对趋势的把握和利用，设计师可以设计出更具时尚感和潮流意识的产品，提高自己的竞争力。

趋势之一：可持续时尚

　　时尚风潮虽受大众喜爱，但如今时尚产业对自然资源的破坏却是前所未有的，时尚界几乎每日都在为追求潮流与独特性而发生变化，而流行的背后是严重的资源浪费。据统计，人们每年从地球获取5000亿吨资源做成各种各样的服饰产品，这些产品被购买后多数没有循环使用而是直接丢弃，售后6个月仍在使用的材料不到1%。如今，顺应可持续发展的可持续时尚已成为诸多时尚品牌的发展趋势，促使众多企业在该领域付诸实践。

可持续时尚是一种以环保可持续性和道德责任为原则的时尚理念，旨在通过减少对环境和社会的不良影响来促进时尚产业的可持续发展。对于时尚产业的发展来说，可持续时尚具有重大意义，因为它不仅有助于资源保护与消费可持续，而且能提高时尚产品的形象。可持续时尚包括使用可持续材料（如有机棉、再生塑料、数字资产与数字藏品）、采取可持续生产过程（如无毒染料、低能耗工艺、数字化技术）以及实现供应链的透明度（涵盖产品生命周期，包括生产到消费、贩售到回收的过程）等。采用可持续时尚理念下的相关举措可以帮助减少时尚产业对环境的不良影响，改善工人的工作条件，并向消费者提供更加环保和道德的选择。

趋势之二：数字时尚

随着可持续时尚的日益流行，数字时尚也开始引人瞩目，它改变了人们对时尚产品的消费习惯。数字时尚通过计算机设计和模拟实现，避免了传统时尚产品生产时带来的大量资源废弃物和生态破坏。例如，在物理环境下的服饰设计过程中，借助3D打印技术可以快速模拟少量原型商品以减少成品废弃物的产生和浪费。同时，在服饰的生产过程中，数字时尚能辅助生产过程中的设计方与制造方不受时间、空间等因素的影响，最大限度地提高工作效率，减少运输与交通过程中的碳排放。

数字时尚推动时尚产业朝着环保和可持续方向发展，具有重要现实意义。过去，数字时尚的呈现形式较为单一，主要围绕着时尚产品的设计与生产的高效体现，服务的对象还是传统服饰产业，而纯数字化时尚产品仅为一种新兴的营销手段，如游戏中的虚拟服装和装备等。现在，越来越多数字化时尚产品逐渐出现在我们的生活中，并且以消费者"摸不到"的形式出现。例如，挪威快时尚服饰零售商Carlings通过社交媒体平台贩卖其虚拟T恤图案，通过增强现实（AR）的手段将买到的T恤图案用手机识别的形式呈现在其用户眼前，这不仅让用户在图案的出现过程中保持强烈的期待，而且很好地满足了年轻人的个性化需求，这款具有虚拟图案的T恤穿在身上看似都一样，但是在数字世界里面有着"100种不同款式"。

建构自身趋势观察体系

一个成熟的设计师不仅要了解数字媒体技术的未来发展动态，掌握部分核心技术关键点，同时要具备趋势观察能力并能及时洞察当前流行动态，而这些能力都不是能从单一学科或专业中取得的，设计师的心态必须是多样的、包容的、互通的以及共情的。未来时尚产业需要的是具有综合素养的设计师，这样的设计师应具备以下能力：第一，不仅会使用基础的设计软件，还要会编程，了解计算机语言；第二，精通经营和推广，做新时代的"智能设计师"；第三，掌握解决问题的方法，对所有领域充满好奇和探究精神，善于跨领域研究；第四，能够打破传统模式，做翻新企业模式的设计师；第五，懂得如何面对网络，成为社交者和创新者，做社交创新的设计师。

本书以六个板块的专家对话内容引导读者掌握当前时尚趋势，帮助他们成为适应时代发展的未来设计师。本书汇聚"时尚媒体趋势"课程所邀请的跨界专家和学者、国际新锐设计师与艺术家进行的线上或线下讲座精粹，内容涵盖流行趋势、科技创新、设计创新、生活方式创新等全球动态，为设计师们在紧凑的专业课程学习中提供了解国际热点发展趋势和数字化学习的场景，并且为构建跨领域、跨专业、数字化的复合型人才培养体系探索了新的路径。

丁肇辰

2024年1月

目　录

第 1 章
可持续发展目标下的设计教育

CHAPTER 1　DESIGN EDUCATION IN
THE CONTEXT OF THE SUSTAINABLE
DEVELOPMENT GOALS

1.1 | 包容社会下的银发设计与整合照护

Designing and Integrating Care for Silver Hair in an Inclusive Society

摘要：第七次全国人口普查结果显示全国老龄人口已达2.64亿，经人口趋势统计预测，预计在2054年中国将步入重度老龄化社会。基于老龄化人口剧增的现状，中国老龄科学研究中心委托中央民族大学调研组对500名老年人展开调研，发现在互联网时代下，老年用户受到感官的衰老、思想的滞后与心理的挫败感等诸多困扰，而市面上的产品较少达到真正的"适老化设计"，导致老年用户对智能产品的操作与认知颇感负担。这些情况使老年群体在信息化时代下，深陷数字鸿沟之中。

老年人在认知功能等方面与年轻人大相径庭，因此无法平等地获取信息和服务，经常出现消息滞后、上当受骗等情况。此外，乡村地区大量的年轻人纷纷选择去城市发展，迫使许多老年人独自生活，他们因缺少陪伴而感到更加孤独，还易患抑郁症等心理疾病。

如今，快速发展的医学技术延长了人类的平均寿命，使人们对老龄生活的观念从过去的"讨生活"转换为"享生活"，并逐步思考如何为退休后的生活提供更好的、更全面的设计方案与服务。岁月流逝，每个人都终将会老去，作为设计师应为老年人创造更好的生活方式，赋能老年人更加积极健康地体验幸福的晚年生活。

关键词：银发设计，适老化设计，积极老龄化，老年人数字鸿沟，智能养老

对话嘉宾

丁肇辰

北京服装学院新媒体系主任，北京市引进港澳台高级人才，意大利米兰理工大学全球学者，中国通信学会移动媒体与文化计算委员会委员。

杨一帆

西南交通大学公共管理学院教授，国际老龄科学研究院（全国老龄委国家级老龄科学研究基地）副院长，四川省哲学社会科学重点研究基地主任。

1.1.1　老龄社会的发展趋势

我们为何需要重视当下老年人数字鸿沟的现象呢?

丁

当今中年人口的老龄化和预期寿命不断提高,老年人口预计将从2010年的5.305亿增加到2050年的15亿,到2050年,65岁及以上的老年人约占总人口数的1/6。这意味着全球老年人口占比将从2010年的8%增长至2050年的16%,这个增长实际上造成了很严重的国家财政压力与社会负担,国家不得不扩大在医疗方面的投入并着重治理社会老龄化以及老年人数字鸿沟的问题。

从2020年开始,数字化进程的加速发展给老年人制造了许多门槛从而加剧了原有的社会矛盾,越来越多"老年人因不会使用手机扫码而无法乘坐公交车""老年人无法扫码进入商场"等报道登上了热门话题。例如,2020年8月,中央广播电视总台的新闻栏目《新闻晚高峰》中报道的一段内容为"哈尔滨老人因没有手机,无法提供健康码而不能乘坐公交车,被司机按规定拒载"的视频在网上引起热议。还有类似的其他众多由于老年人数字鸿沟等问题造成的负面新闻引人深思。

同时,据《华盛顿邮报》报道,最新研究表明,65岁以上老年人容易分享虚假新闻,传播数量是年轻人的7倍。他们接触网络的时间较晚,且缺乏相关的媒体素养,同时由于年岁过高或认知能力下降,导致对信息敏感度低,因此,在收到诈骗信息时,大多数老年人往往不知道如何判断信息的真假,更容易被假新闻蒙骗。

杨

退休后的老年人通常会遇到哪些生活上的不便?

丁

老年人在退休后往往会寻找新的生活目标,但其中的改变也会凸显一些问题,引起生活上的不便。根据埃森哲(Accenture)公司发布的《Fjord趋势2020》报告,随着人口寿命的增长以及健康生活方式的流行,65岁以上的人口数量正在显著增长,并且退休后的老年人在生活上的不便也逐渐凸显。比如日本的"购物难民"现象,这个问题主要出现在2000年之后,其原因是零售行业之间的竞争增多,小型购物空间与社区中提供便捷服务的便利店逐渐消失,居民购物距离变远,导致不会驾驶与驾驶困难的老年人成了市场环境变更下的落后者(图1-1-1)。

图1-1-1　日本因零售行业竞争出现的"购物难民"现象

请问未来老龄化社区有何重要的机会点?

据《日本经济蓝皮书：日本经济与中日经贸关系研究报告（2020）》报道，未来老龄化社区有三个非常重要的机会。第一个是住房改造机会，陈旧的老社区主要使用楼梯，楼梯很容易导致老年人在攀爬时被绊倒，而老年人如果跌倒很容易增加重大疾病的风险，如血管堵塞、卒中等；第二个是保险与理财机会，理财对于年龄大的人群来说十分重要，他们需要安全可靠的手段管理他们的资金财产；第三个是开拓休闲市场的机会，退休后的老年人可能会由于掌握了一定的资金，而更愿意尝试偏年轻化的生活方式，以此来体验更多的快乐。

当前老龄化社会常见的健康问题有哪些？

实际上，老龄化现状得益于经济社会和医学技术以及生活水平的提高，目前真正具有挑战性的是"不健康的老龄化"，具体体现为60岁以上老年人易患高血压、糖尿病、骨质疏松等疾病。同时，据世界卫生组织的统计，阿尔茨海默病、帕金森病等脑相关疾病的患病人数已超过心血管疾病、癌症等疾病的患病人数，成为影响老年人生存的首要疾病。

1.1.2　何谓银发设计

能否简单介绍一下银发设计的范畴？

银发设计的范畴主要包括三个方面：提升价值的设计、包容老人的设计、生活方式的设计。这里我想特别强调的是包容性设计，包容性设计意味着设计师需要更广泛地考虑多方利益相关者。在设计服务里，考虑多方利益相关者的需求极为重要，以老年人占比超过20%的日本（超高龄社会）为例，有些老年人在驾车出行时，易因紧张而错把油门当成刹车。日本政府为改善和治理这一问题，下达了多样对策，如对老年人定期的协调率测试、认知训练检查等。对仍有能力开车的银发族们，日本政府推出了专用驾照，并规定每三年更新一次，同时接受认知协调测验。此外，来自东京的工业设计师打造了一款"柔软"小车，其材质能够降低出现意外时的受伤程度，并把小车的方向盘改造成机车操控台，避免驾驶人踩错油门的风险（图1-1-2）。

图1-1-2　东京设计师为超高龄驾驶者打造的"柔软"小车

年轻设计师如何切身了解老龄用户的生活方式？

年轻设计师了解老龄用户的生活方式主要有三种方法：第一种方法是实地考察法，又称为上下文情景调查法，主要是静观用户的自然行为。这是一种发现问题的有效途径，因为所有场景和人的行为都是真实发生的，可以揭示老年用户真实的需求，但这需要设计师有很高的耐心和洞察力。

第二种方法是面对面交谈法，可以与老龄用户直接交流，询问他们在生活中遇到的问题和迫切想要改善的方面，采用这种方法得到的信息通常更为准确。

第三种方法是电话访谈法。电话访谈法的难度较大，由于无法观察到被访谈者的表情和难以准确洞察到其真实的想法，得到的信息也不如其他方法准确。但在无法进行面对面访谈的情况下，电话访谈是一个不错的替代形式。

在信息化时代怎样才能更好地将科技融入银发设计呢？

年轻人总是科技产品的前期使用者，因此设计师主观地认为科技跟老年人的关系不大，在这个前提下，科技介入老龄用户生活的可能性就会变低。我在课程中曾说过，"不要去怀疑老年人接受新科技的意愿，如果这个观念存在于设计师心中，设计师就失去了向老年人传递新信息的机会"。

这里有两个案例：一个案例是亚马逊智能音箱ECHO，另一个案例是老年人对VR的体验，这两个案例证实了科技手段可以帮助老年人减缓认知退化的情况。因此，我们可以将新科技看作老年人的"新朋友"。新科技对老年人的介入应该与年轻人没有时间差，也许对于老年人来说，让他们学习新科技会花费比较多的时间，但是如果唯一的困难点我们都不愿意克服，那将失去一个对老年人传递新信息的绝佳机会。

1.1.3　银发设计的创新案例

我们应如何为老年人创造更好的生活方式？

这里我推荐七个针对老年人进行设计时可以考虑的创新点，分别是消费创新、教育创新、情感创新、科技创新、娱乐创新、事件创新和治理创新。

第一点是消费创新。刚刚提到的"购物难民"现象实际上是日本老年人目前遇到的一个最严峻的情况。"购物难民"问题出现在2000年前后，主要表现为零售企业间竞争激化，商业设施向大型化发展，私家车的普及助推了商业设施向郊区转移，而城市中心的商业街出现"空心化"现象。为解决这一现象对老年人造成的不便，日本推出移动超市"Tokushimaru"——将超市的商品装在一辆小卡车上，开往城市郊区的老年人聚集区，挨家挨户地为他们提供商品，将生鲜产品和日常生活用品主动送到行动不便、开车不便的老年消费者面前。

第二点是教育创新。近些年，越来越多国家意识到有非常多的老年人面临着"数字鸿沟"的问题。2021年，我国国务院发布了减轻老年人数字鸿沟的一系列举措以缓解数字鸿沟的问题。在新加坡，老年人也同样面临数字化生存的问题。2020年9月，新加坡政府向500万居民免费发放"合力追踪"便携器，缓解老年人不会使用智能手机扫码的困扰。同年又成立了数字转型办公室，招募1000名"数字大使"，深入社区帮助和鼓励老年人学习并掌握数字技能，带领老年人进入数字时代（图1-1-3）。

图1-1-3　新加坡政府开展"数字大使"项目

第三点是情感创新。在英国，很多独居老人面临的最大情感问题就是孤独感，他们需要找人聊天来缓解。为此，英国自2013年开始成立"银发专线"，这是一个专为老年人服务的一年365天24小时均在线的热线。"银发专线"会免费帮助来电的老年人克服心理上的情感障碍，缓解他们精神上的焦虑。如果有英国老年人因极强的孤独感产生轻生念头，可以打电话到"银发专线"，会有专业人员教他们如何疏解心理上的压力。因此，"银发专线"又被称为英国的"银发生命线"。

第四点是科技创新。ElliQ是一款个性化的数字护理机器人，可以将医院的临床团队的帮助延伸到老年人的居家生活中，帮助改善老龄用户的医疗体验并增加患者参与度，同时为潜在疾病的早期检测和干预提供可操作的数据、通知和见解。ElliQ 的出现是用来辅助老年人居家生活期间的独立性的，为他们提供社交陪伴、健康活动、与各种"护理圈"（家庭成员和护理人员）的联系，以及掌控自己健康的能力（图1-1-4）。

图1-1-4　护理机器人ElliQ

第五点是娱乐创新。2016年，台湾地区台北市卫生管理部门在社交平台上发布了一系列"长者居家健身操"的教学视频，能够让老年人和年轻人共同参与，视频由台湾师范大学运动与休闲学院的师生规划和拍摄，针对高龄者的居家运动设计安全又高效的动作，让其在观看视频的同时能和家人在室内居家的环境中坚持每天运动健身，以促进身心健康（图1-1-5）。

图1-1-5　"长者居家健身操"教学视频

第六点是事件创新。"事件创新"旨在让全社会关注老龄化社会的到来。2018年，腾云峰会的"心不老——设计更好的银发互联网体验"分论坛以别出心裁的"厨房论坛"形式在北京郎园的意大利餐厅开启，其宗旨是传递信息给大众：我们更需要关注优化时代的政策制定与用户需求，以及长者的生活方式和设计项目需求的问题。此论坛与常见的设计类论坛与活动并无太大差别，也让"讨论老年人"这件事情呈现出一种独特的时尚感，而非老年感（图1-1-6）。

图1-1-6　2018年腾云峰会"心不老——设计更好的银发互联网体验"分论坛

第七点是治理创新。以台湾地区新北市的银光未来馆为例，它是新北市发展"高龄创新"采取的系列政策之一，以"自信、贡献、联结、共创"的价值观念推动"青银共创、世代共荣"的设计理念。通过不同世代共同参与的设计活动来加强世代间的交流，汇聚创新设计多元的能量，为新一代银发族相关产品与服务献策，为城市高龄愿景注入活力与创意，为银发族市民提供了更多服务于社会的机会，并且强调了"跨代合作"对社会的重要性。

可否分享你带领学生们做过的银发设计课题？

事实上，两年前我们有了一项重要的发现。当时互联网开始关注老年用户的需求，因此我们希望通过学校和学生的力量，提供一些设计领域的指引，以改善老年用户的生活。这里主要分享两个课题案例——"Once More"和"晚什么"。

"Once More"是由北京服装学院学生组成的团队开展的项目，这个项目自2018年开始进行。项目的名称寓意着"让年轻再来一次"，我们尝试通过开展设计活动的方式，让老年人的生活更加精彩。项目开始的第一年，我们与腾讯合作，在腾讯社会研究中心举办了两次大型活动，分别是9月的国际工作坊"设计马拉松"，以及11月的"心不老"论坛，主要探讨老龄化社会的数字鸿沟问题。

我们还设计了基于"晚什么"课题的认知关爱训练工具包。这个项目是与北京大学第六医院记忆中心合作开发的系列训练工具，旨在训练老年人培养认知能力。工具包包含互动游戏卡牌、认知训练操动作挂图、康华月历、核心信息表、"出门N件事"冰箱贴、认知训练小道具和联系卡等。其中的互动游戏卡牌可以供2～3人一起玩，它是一个基于游戏行为的纯粹互动，没有竞争性，避免了老年人在游戏中感到受挫（图1-1-7）。

具体而言，认知训练操的动作挂图由首都体育学院的老师和同学们开发，老年人可以借助工具包中的认知训练小道具进行运动；康华月历是根据书法日历改造的，不同阶段有不同的训练，包括记忆力、身体协调能力、语言能力和注意力的训练；核心信息表可以告诉需要照顾阿尔茨海默病患者的家属，在过程中需要注意哪些事项；"出门N件事"冰箱贴则提醒老年人出门不能忘记的事情，如带好卡包、常用药、手机、钱包等物品，以及关门、关水、关水电煤气、下雨记得带雨伞、外出戴口罩等事项。这些提醒事项的冰箱贴可以贴在门上、冰箱上等显眼的地方。

晚什么！老年认知关爱工具包内容
Once More! The Aging Cognitive Care Toolkit

互动游戏卡牌
（55张、A5铜版纸300g、覆膜）

认知训练操
（1本、A1超感纸200g、折叠后尺寸为A5）

图1-1-7 基于"晚什么"课题的认知关爱训练工具包（部分展示）

1.1.4　反思

1. 现有市场主要缺乏什么方向的老龄化产品？

2. 适老化设计有哪些可能的发展趋势？

3. 如何在易用的同时提高老年人的审美？

4. 如何通过无障碍设计提升公共空间和住宅对老年人的友好度？

5. 智能家居和辅助技术能如何帮助老年人维持独立生活？

6. 交通系统该如何调整以更好地保障老年人的出行安全？

7. 城市规划和社区设计上需要考虑哪些因素以提高老年人的生活质量？

8. 如何利用教育和培训的方式提升老年人对新科技的适应能力和接受度？

9. 如何兼顾美观与功能性进而满足老年人的审美需求和实际使用需求？

10. 如何通过穿戴设备和移动应用程序促进老年人的健康管理和社交活动？

1.2 文化创意助力城市更新与乡村振兴高质量可持续发展

Cultural Creativity Helps Urban Renewal and Rural Revitalization with High Quality and Sustainable Development

摘要：文化是一个国家的立身之本，我国悠久的文化底蕴为当代发展提供了良好的文化沃土。乡村作为民俗文化的起源之地，留存着众多城市中没有的文化遗产，对乡村文化的尊重与延续，既是对传统文化历史源头的守护和对文化基因的传承，也是对文化资源的开发利用和对文化"软实力"的锻铸塑造。"文化建设助力乡村振兴"，文化振兴是乡村振兴的题中之义，对乡村振兴具有引领和推动作用。而前些年人们将视线聚焦在城市化发展与提高居民收入水平之上，导致城乡发展不均衡。

城乡发展不均衡的突破点主要有两点，即城市更新与乡村振兴。城市更新指将城市中已经不适应现代化城市社会生活节奏的地区做必要的、有计划的改建，设计师要善于通过设计的手段为人们塑造更好的生活模式、生活环境、生活行为方式等。乡村振兴指在发展较迟缓的乡村，通过发挥乡村特有的农副产品、传统文化等优势，促进年轻人就业，以实现乡村人口的回流，助力乡村重新恢复活力。

关键词：城市更新，巅峰体验，乡村振兴，文化和旅游，文化强国

对话嘉宾

易介中

中国社会科学院中国城市发展研究会文化和旅游工作委员会会长，中国社会科学院中国文化研究中心特聘研究员，中央美术学院城市设计与创新研究院副院长。

丁肇辰

北京服装学院新媒体系主任，北京市引进港澳台高级人才，意大利米兰理工大学全球学者，中国通信学会移动媒体与文化计算委员会委员。

1.2.1 振兴城市文化产业的方法

你对振兴城市文化产业有何见解？

振兴城市文化产业需要将"脑"与"人""事""物"三者完美结合，才能更好地发挥作用。首先，面对未来主流赛道的"城市更新"，其实最重要的是"更新脑"；其次，这里的"人"是指具备创新与创意能力的人，可以为城市带来活力与驱动力的人才；再次，"事"指的是可以推动新的活动、新的文化以及新的模式等发展的事物；最后，"物"指的是新空间、新物件、新消费以及新体验，可以带来全新的体验感受。

如今，要想成为振兴城市文化产业的"主力军"，需要了解的知识层面越来越广泛，并且是交叉融合的。这就要求城市更新的思考者、规划者们必须一边提升自己，一边接纳更多具有创新思维的人力资源，才能够做出更具适应性、准确性与高效率的城市更新战略（图1-2-1）。

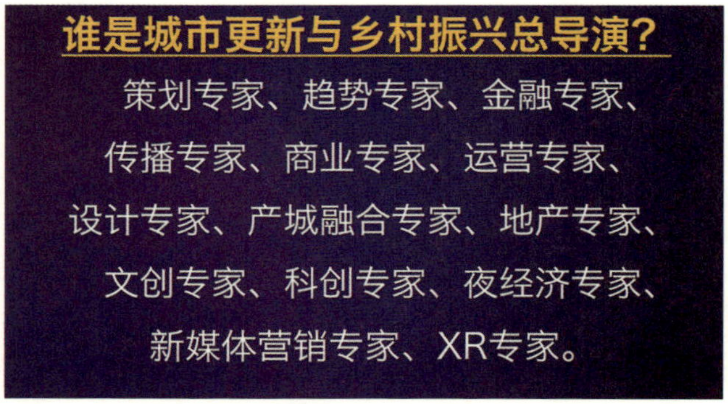

> **谁是城市更新与乡村振兴总导演？**
> 策划专家、趋势专家、金融专家、
> 传播专家、商业专家、运营专家、
> 设计专家、产城融合专家、地产专家、
> 文创专家、科创专家、夜经济专家、
> 新媒体营销专家、XR专家。

图1-2-1　城市更新与乡村振兴所需人才

为何要振兴乡村与城市？

年轻人口流失，老龄化严重，乡村经济落后，转型困难，这大概是所有国家在城市化进程中都会面临的问题。在《2021年中国CSR十大趋势》的关键词中，"乡村振兴"政策名列首位，这代表乡村不仅在城镇化进程的关系中处于核心地位，也是不少企业在制定2021年发展战略时需要关注的重点。人类回归大自然、回归乡村是社会发展的一大趋势。2021年，习近平总书记在中央农村工作会议中也明确强调，"民族要复兴，乡村必振兴"，要促进农业高质高效、乡村宜居宜业、农民富裕富足。

如今，信息化与互联网的发展极大改变了城乡的空间距离，为乡村振兴的发展开辟了更为广阔的道路，使乡村进入了多元发展的历史阶段，成为未来社会现代化发展极为宝贵的发展空间。乡村也不再只是提供农产品的生产基地，其生态、文化、社会的价值优势对实现满足人民的美好生活愿景发挥着越来越重要的作用。

1.2.2 乡村振兴发展中的机遇

我们该如何抓住机会发展乡村经济？

这里我推荐三点发展乡村经济的机会，分别是休闲经济、创意者社群经济和主题娱乐经济。

休闲经济是一种体现"以人为本"的人性化经济形态，是指建立在大众化休闲基础之上，由休闲消费需求和休闲产品供给构筑的经济，是人类社会发展到大众普遍拥有闲暇时间和剩余财富的社会时期而产生的经济现象。休闲经济一方面体现着人们在闲暇时间的休闲消费活动，另一方面也体现着休闲产业对休闲消费品的生产活动。随着我国虚拟经济和实体经济共同的快速发展，我国的"休闲时代"也无疑成为社会发展的新趋势、新动向、新焦点。

"创意者社群经济"的概念来自"创意经济"与"创意者经济"的发展。社群由最初的以产业为核心，发展到以创意为核心，再发展到以创意者为核心，最后融合为以创意者社群为核心的理念。"创意者经济"不等同于"创意经济"，"创意"涵盖了所有创意领域，并延伸到所有创新的领域；"创意者"突出"人"的价值，而且以"超级用户"这一新的定义涵盖了所有市场主体；"创意者经济"则涵盖了整个市场，即服务于"人"的一切经济要素（图1-2-2）。

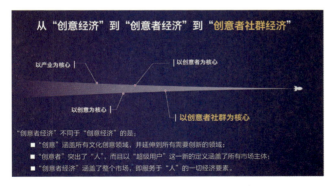

图1-2-2 "创意者社群经济"的发展脉络

"主题娱乐经济"主要为基于乡村进行顶层策划、制定文旅政策、公共管理，结合科技创新、投资管理、趋势研究等方法，打造主题娱乐超级IP。这里举一个例子会更好理解些。以台湾宝岛时代村为例，其室内面积为13600平方米左右，以时代的共同记忆为设计起点，从人文关怀、地方特色、乡土民情出发，打造大型全室内沉浸式主题娱乐文旅消费目的地，建构眷村、客家庄、集集车站、三合院办桌、黄昏市场、庙口小吃等场域的人文观光夜市，以再现传统生活、售卖经典小吃和实景表演的形式，真实呈现台湾地区丰富而多彩的生活场景，带领人们穿越时光隧道，领略时代人文的精彩。

人口老龄化导致乡村丧失活力，设计师该如何突破此困境？

这需要设计师拥有一双善于发现生活之美的眼睛。这里以日本的"叶子经济"为例来说明。大家都知道日本料理常用树叶和花朵装扮食物，春季点缀樱花，秋季配以红叶，给食客以美的享受。而日本一个小村抓住这一美食文化带来的商机，不仅振兴了当地经济，也使这个被人口老龄化困扰的小村焕发了新的活力。

这个小村名为上胜町。上胜町拥有得天独厚的自然环境，由于地处偏僻，村子并没有受到太多现代文明的冲击，至今仍保持着古老山村的面貌，和200多年前相差无几，因此又被称为"过去的日本"。上胜町年轻人口外流严重，一半以上居民的年龄超过65岁。

这样一个曾经快要走向"废村"的乡村，如今却可以为当地人创造2亿6千万日元的利润，约合人民币1500万元。这都要依靠于看似一文不值的树叶以及"叶子经济"

的推动者——横石知二。横石知二有一次在餐厅用餐时，无意中发现邻座一位女性看到餐盘中用于食物装饰的枫叶发出惊呼，并且小心翼翼地用手帕把枫叶包了起来，这个场景让他突然意识到树叶所蕴含的商机。因为上胜町林木众多，各个季节都可以提供树叶，所以横石知二想到为何不将现有资源利用起来，同时又可以改变当地因人口老龄化导致的经济衰落呢？就这样，上胜町发展起了"卖树叶"的经济，没想到越来越红火，如今日本80%以上的料理店点缀的花叶都来自上胜町，也出口至美国、法国、意大利等国家。现在，树叶已然成为上胜町的经济支柱。

2003年，上胜町又成为日本第一个提倡"零垃圾宣言"的村镇，为了确保上胜町的山林能够长出最漂亮、最优质的树叶，村民们积极行动起来，保护家园的生态环境。上胜町终止了持续多年的垃圾焚化处理方式，将所有的回收品自发运送到集散中心，有需要的民众可以随时取回家，一些回收的旧衣物或者生活用品也被老人家们重新制作成了杂货，并放到附近的商店进行销售。现在，每年都有人慕名而来，申请移居上胜町，扭转了这个乡村连续多年人口流失的现象，整个小镇重新焕发出生机与活力，堪称乡村振兴的典范。

1.2.3　城市更新发展中的机遇

像阿那亚这样的度假旅游综合体社区有何独特之处？

阿那亚社区的休闲旅游客人次确实达到了惊人的数字，尽管冬天寒风凛冽也阻挡不住游客的热情。这样的度假旅游综合体社区的独特之处主要有三点：第一，能够充分捕捉"新一代"用户需求。阿那亚结合"环首都经济圈"打造"社群经济"的度假型社区产品，紧抓对北戴河海边有着憧憬的"文化创意感"及"高颜值"人群，用文化创意解开"环首都经济圈"的城市消费密码，形成极具特色的阿那亚生态圈。第二，考虑用户的生活习惯和行为。阿那亚社区中建有音乐厅、小剧场等空间，为有共同爱好的群体提供了一个舒适自由的活动及社交空间，游客从北京开车四个小时左右就能抵达，可以远离喧嚣的城市享受海洋文化的快乐。第三，稳定的社群生态圈。众多有特色的文化创意类活动及消费场所让住户之间更容易建立起亲密的联系，从而形成社群生态圈，利用社群经济带动阿那亚社区的高质量可持续发展。

人们现在是否更加追求田园生活？

现在，居住在城市的人们希望不离开城市生活也能找到一丝田园憧憬。许多人过去都在乡村生活过，因此现在大部分的人心中都有一种安逸的"田园憧憬"，乡音、乡愁、乡情以及朴实的乡村生活，与复杂、多变的都市生活形成强烈的对比。同时，如今青年选择回归乡村，不只是因为情怀，更是为了带动乡村振兴，与城市共同发展，创造美好未来。例如，上海浦东新区的新南村不仅有古镇、水乡、桃花，还有活力满满的创客与"新农人"。近几年，新南村不断挖掘自身潜力，凸显自身特色优势，打造了"创客空间"，发展文创产业，成为上海市首个乡村创客中心，采用"返乡青年＋创客"的模式，打造返乡青年和乡村有志年轻创客集中办公、活动交流的场所，给整个乡村带来了新的生机和活力。这些返乡青年运用自媒体平台进行直播，带领村民将农产品进行线上销售，为家乡的旅游开发、农产品销售发挥了积极的带动作用。

1.2.4　反思

1. 如何在时代变迁的长河中保留乡村文化？
2. 如何借助设计的手段促成乡村回流？
3. 当下城市人口回流乡村是否已经成为必然趋势？

4. 如何鼓励居民投身于城市更新与乡村振兴中？
5. 如何通过跨行业合作模式加强文化创意产业与城市更新？
6. 如何在促进乡村旅游业的发展同时防止文化同质化？
7. 如何利用文化创意手段提升公民的文化素养？
8. 在城市更新过程中如何发挥促进社会经济发展的作用？
9. 如何确保在文化创意助力乡村振兴时，能够同时平衡经济效益与环境保护的需求？
10. 文化创意如何帮助解决城市更新过程中的社会问题，如老旧住房、城市空间利用不足等？

1.3 | 幸福生活圈——文化创生与社区更新
Happy Living Circle — Cultural Creation and Community Renewal

摘要：这是个人不再能够独善其身的时代，在联合国可持续发展目标（SDGs）精神的指导下，人们必须思索自身的发展方向，采取必要措施主动改变对环境造成的伤害，营造更好的人类生存环境，为后代留下更多的资源。

面对我国台湾地区总人口减少、人口过度集中于大都市，以及城乡发展失衡等问题，教育部门推动"大学社会责任计划"（University Social Responsibility，USR），引导大学以人为本，从本地需求出发，通过人文关怀与协助解决区域问题，善尽社会责任。目前，大学社会责任计划正逐渐成为欧盟国家的大学办学的核心理念，旨在带领师生为社会做贡献并引领行业的社会责任，有前瞻视野的高校纷纷尝试以此作为切入点，构建大学社会责任共同框架，建立学生的社会价值观。

"大学社会责任项目"经文化体验与实际考察，打破了教室内单一的讲授模式，学生们组成小队进入社区观看并寻找问题，让设计专业在社区需求中找到可以着力的地方。希望通过地域、产业与优秀人才的多元结合，辅以设计手法加值运用，能带动地方文旅产业发展及物产质感的提升，使社区、农（渔）村或偏乡地区重新塑造不同以往的风华年代，展现地域美学并塑造地方特色。

关键词：地方创生，大学社会责任（USR），联合国可持续发展目标，社区营造，一乡一特产

对话嘉宾

黄文宗
中国台湾中原大学商业设计系副教授、博士生导师，中原大学文化创意产业发展学程主任、客家与多元文化研究中心副主任，台湾海报设计协会监事。

丁肇辰
北京服装学院新媒体系主任，北京市引进港澳台高级人才，意大利米兰理工大学全球学者，中国通信学会移动媒体与文化计算委员会委员。

1.3.1　为乡镇带来活力的地方创生

"地方创生"的概念从何而来，对年轻人的意义何在？

　　"地方创生"的概念源自日本，旨在整合地方特色与文化风情，积极推动当地产业发展，将产业、地方和居民三者紧密结合。在日本，东京、大阪等城市的"磁吸效应"使地方年轻人口大量外流。若当地能发展适合本地的产业，那些因磁吸效应而外流的年轻人就有可能回流，实现城乡平衡发展的目标。台湾地区借鉴这一概念，由地方、产业、院校和居民联合发起的地方创生方案层出不穷。政府也在较高层面推动以设计为基础的"翻转地方经济"的计划与活动，展现了政府协助地方发展创生的决心。尽管从政府支持和下定实施决心的角度看，地方创生的政策显得美好而有希望，但在实施过程中也会遇到许多困难。例如，前往地方的年轻人可能面临就业困难、与长辈在观念上产生分歧、受到地方乡亲的质疑，或者缺乏志同道合的伙伴。对于那些怀揣美好愿景返乡创业的年轻人来说，如果缺乏足够的耐力，就容易在半路上放弃。

高校如何将地方创生的思想传递给大学生们？

　　地方创生思想的导入应该从大学生入校时期逐步开始，并在学习过程中贯彻执行。年轻人在走向地方工作时需要循序渐进，而高校则是培养大学生具备足够社会责任感的最佳平台。因此，大学教育不仅需要关注知识传授和专业培养，还需要深入研究如何在全球、国家和地方层面关注发展趋势，并提供有效的资源，以在全球可持续发展目标中发挥关键推动作用。

　　大学教育必须重新审慎思考社会责任感，拓展自身使命，以教育推动者的身份成为引领全球经济、改变社会文化环境、了解宏观与微观需求的观察者，还应积极应对世界经济、社会、文化和环境方面的挑战，与师生共同努力，共同寻找解决方案。

台湾地区的偏远乡镇人口稀少、经济落后，如何让这些地方的经济活跃起来？

　　台湾地区有368个乡镇，其中大部分都是乡村和渔村，还有一些中小型城镇。台湾地区的地形导致中央山脉横亘在中间，所以台东县的大面积区域都是不能居住的，很难找到适合人类生存的地方，因此这些地方留不住年轻人，甚至连老年人也不一定留得住。这里的生活环境相当艰苦，因此在台湾地区进行地方创生的目标，第一点当然是要"以人为本"，"人"是最重要的。第二点是要找出"产业DNA"，其实就是当地具有地方特色的可发展的产业，这些产业或许是被忽略的身边的美好事物，或许是当地人觉得很普通但是受很多外地游客喜爱并认为很新奇的事物。第三点是科技导入，要善用科技与智慧，包括设计导入，让产业的品质提升。做到这三点才能够让大家有更多的交流，促成更多的回流，进而达成均衡发展的目的。

地方创生的核心价值是什么？

地方创生的核心价值在于"二创四生"。其中，"二创"指的是创造就业机会和新的事业机会。若要吸引在外年轻人回到家乡，就必须帮助他们创造就业机会和新的事业。在缺乏工作和事业机会的情况下，年轻人很少会考虑留在家乡。"四生"则意味着推动乡村在生产、生育、生活和生态方面的全面发展，这四个方面对于促进地方经济的发展具有重要的推动作用。

地方特色的构成有哪几个方面？

地方特色的构成有五个方面——"人""文""地""产""景"。"人"即"人文"，包括今人与古人，今人如偶像、运动员等，很多年轻人会去自己偶像的家乡观光旅游；古人主要包括历史人物，如各地的名将、历朝历代的皇帝，或者历史故事里面虚构的人物（虚构场景可能没有对应的现实地点，但会有一个原型）等。这些其实都是一个地方的人文特性。

"文"即文化，如传统的民俗风情，像是少数民族的一些祭祀活动、当地的庙会等，或者是创新文化，如在当地比较流行的大众通俗文化、生活潮流文化、艺术节等。

"地"即地理，我国的地理环境具有多元化的特点，有山地、平原、盆地等地形，不同地区的人们对当地的地形、地貌可能习以为常，可是对于外地人来说，去当地旅游也许是一种全新的体验。

"产"即产业，指属于地方的相关特色产业，如地方的特产美食，将可能具有生产方面的文化特色。

"景"即景观，如受气候环境（微气候、云、雾、日照等自然条件）影响形成的自然景观、地理环境地景（奇山、峻岭、瀑布等），以及人文景观（意象建筑、地标建筑、历史建筑、古迹等），都属于当地的地方性产业。一些世界级的非遗项目或者是景观，都来自我国广阔的大地。

1.3.2　品牌打造vs地方创生

如何打造一个受大众欢迎的品牌？

品牌涵盖了印象、属性、声誉等要素，要打造一个广受大众欢迎的品牌，主要从这三个方面入手。首先，品牌印象是在传播过程中有意或无意形成的，比如广告。当消费者看到某个品牌的报道时，它就会在消费者心中留下印象，以"2021年中国品牌价值前十强"为例，如果把品牌名遮挡起来，只看logo也能辨认出是哪个品牌。再比如，一提到葡萄，大家可能首先想到的是新疆吐鲁番，看到瓷器可能会联想到景德镇。这些都是某个城市品牌在消费者心中留下的印象。其次是属性，这是指消费者能够直接感受到的特性。消费者购买某品牌的产品后，会对其品质、用途、外观等方面产生全面的感受和评价。最后，品牌的声誉是基于消费者对产品属性的评价，也就是好评或差评。

当品牌清晰梳理了自己的信念与目标，并在外部表现上与其目标保持一致时，就会逐渐建立识别度与信任感。品牌实际上可以看作一个人，人们通过他的一言一行、穿着打扮而认识他，就像人们脑中闪现朋友的名字时，会自然而然地联想到对他的一些印象。打造好品牌后，关键是思考如何形容品牌，要找到品牌自身与众不同的特色。许多品牌实际上并非没有特色，而是缺乏深入挖掘，因此我们需要认真思考如何发掘品牌的独特之处（图1-3-1）。

品牌涵盖三要素：印象、属性、声誉

● **印象（Perception）：** 对品牌或公司的主观想法，由消费者有意或无意、直接或间接与品牌互动的经验所形成。

● **属性（Attribute）：** 与产品(或服务)相关的特质，是消费者可以直接感受到的，如酷炫、极简、可靠等。

● **声誉（Reputation）：** 大众对品牌或公司名声的评价与认可，通常要依靠特殊的表现而积累下来。

图1-3-1　品牌的三要素

"六级产业"指的是什么呢？

一级产业是农业，二级产业是制造业，三级产业是服务业，那这些之后的下一个阶段是什么？就是所谓的"六级产业"。产业发展势必进行适当的跨产业整合，一方面是一级产业、二级产业、三级产业的优势组合（1＋2＋3＝6），另一

方面是它们之间的优势融合（1×2×3＝6）。也就是说，只要具备高含量的创意和美学元素，且能进行跨产业的延伸和整合，兼顾环境保护和引起消费者共鸣，且能带来经济效益，都被认为是体验经济环境下的六级产业，其终极目标为：消费者除了买到、看到，还能够带回家继续体验。

1.3.3　设计实践案例

能讲一讲你带学生参与地方创生实践的项目吗？

2012年，我在台湾地区宜兰县礁溪乡汤仔城调查，思考如何通过设计帮助当地商业发展，期末也在这里举办成果展，并邀请当地的企业及相关管理部门来进行指导和评分，实践项目主要有：将当地龙舟文化与学校乡土教育结合的乡土教材，规划自行车步道的地图，设计旅行手册，以及为礁溪番茄季设计的IP包装等（图1-3-2）。

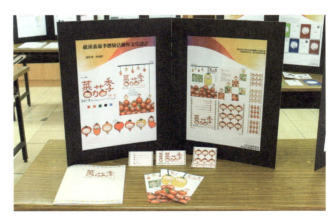

图1-3-2　为礁溪乡番茄季设计的IP包装

2013年，台湾地区新北市平溪区的便利店数量日渐增多，而杂货店逐渐消失，为帮助复苏当地杂货店经济，我们设计了将10家杂货店的路线串联起来的环保袋，并在杂货店内搭建布展进行展览，顾客每去一家杂货店，便会赠送其一个徽章纪念品。

2014年，我们去了台湾地区宜兰县，为当地的果园、民宿、茶叶设计包装等周边产品（图1-3-3）。

图1-3-3　为宜兰县的果园、民宿、茶叶设计的包装等周边产品

2015年，我们跟桃园市的老街合作举办设计展。这个老街在火车站的附近，以前是为婚礼准备婚纱的"婚纱街道"，但由于商圈的快速发展，火车站前的一些百货公司与大型的商场就把客人都招揽走了，所以这里没落了。我带着学生们在老街的酒店进行期末设计展的展出，具有代表性的项目作品是将废弃的老医院改造成集娱乐、休闲、冒险于一体的主题医院。

2016年，我们为台湾地区彰化县的"天空步道"景区进行设计，在期末成果会上，展出了学生们为这里设计的贴纸、吸铁石、地图等周边商品。同时，学生们还对元清观进行了拟人角色形象设计，并将角色命名为"清姐"，穿着服饰的设计借鉴了清朝女子服饰，主要使用道观主体的红、白两色（图1-3-4）。

图1-3-4 彰化县元清观拟人角色形象及周边商品设计

图1-3-5 以竹子为主题的文创产品

2017年，我们在台湾地区基隆市的海洋科技博物馆举办了期末展览。这里的人们在出海捕鱼时会挂上旗帜，寓意出海平安并捕获大量的鱼，学生基于这点，以渔旗为视觉元素进行设计，做成平安符。同时，在了解当地民情的过程中，通过现场访谈发现，在打鱼的淡季，渔民们会经常聚在渔港喝酒，喝酒的时候大家分不清自己与他人的酒杯，学生们为渔民们设计了酒杯标示物，可以把这个小标签卡在酒杯上面作为识别标志，避免拿错。

2018年，我们去了桃园市的乡村，帮那里的人们设计了便当盒、伴手礼、茶具礼盒等。同年还去了桃园市复兴区，那里的人们以砍伐竹子为主要经济来源，学生们在当地体验砍伐竹子，而且当地人会教我们如何用竹子制作一些文创小物等产品。我们期末在这里进行了设计作品的展览，为了帮当地人发展经济，学生们用竹子做了一些文创商品，向大众介绍竹子的生态知识，同时还有桌游的设计，其主题也与介绍竹子有关（图1-3-5）。

2019年，我们去了桃园市的大溪老街，那里是一条有寺庙的老街，以前是一个出口肥皂、茶叶等商品的海河港口，但是现在已经没落了。学生们希望通过设计作品来带动大溪老街的经济复苏，作品主要有大溪老街的木艺杯、导览指示标以及大溪豆干的包装盒。

2020年，我们的"Re-Commoning：跨域携手教与学——彰化埔盐跨社区共生循环社会设计"项目，集合了环境设计、建筑设计和商业设计专业的同学们，带领彰化县埔盐乡的长者们参与制作稻草人的比赛，体验手工制作鸡毛掸子，建筑设计专业的同学们还会帮助当地人进行竹屋测绘与太平村三合院测绘，方便当地人后续申请有关房屋的保护资产。

能讲一讲你指导学生参与的大学生社会责任课题吗？

我曾参与指导过一项涉及客家海洋文化融入地方创生概念的大学生社会责任跨领域合作学习课题。客家是台湾地区的第二大族群，早先的客家人大多数都居住在浅山和丘陵地带。桃园市有海边渔村、机场和大量工业区，同时也有许多山上的客家族群。我们与桃园市的大学合作，让当地客家学院的同学与我们商业设计专业的同学进行讨论，并一起调研当地的客家族群。

当地人口外流到都市的情况十分严重，靠捕鱼为生的人口数量也在减少。为了吸引大众前往当地休闲旅游，当地人将以前的哨所改建成了一个休闲园区，名为"牵罟"。"牵罟"原指渔船在驶向靠近海边的地方时，将渔网撒下，再由岸上的人将渔网拉回，这一过程被誉为"与大海拔河"，学生们为"牵罟"园区设计了海报，灵感源于当时的人们"与大海拔河"的景象（图1-3-6）。

"石沪"是用石头搭起来的，向海而建，像堤防一样。这是一种早期的捕鱼方式，人们将石头顺着海潮的潮汐规律堆起来后，鱼在涨潮的时候会随潮水游到石头中，退潮后人们再把石头中的鱼捞起。我们根据"石沪"的特点制作了伴手礼，举办了"海边寮寮"新屋海客音乐季活动，希望通过此活动让青年学子到当地游玩，同时向大众介绍客家海洋文化，从而使更多人了解客家文化。图1-3-7所示为举办音乐季活动时设计的一些海报周边商品，并且帮渔港的渔民们制作了复古留声机，渔民们可以带上这些录有老歌的卡带，在外出打鱼时通过听复古的音乐来舒缓孤单的心情。

图1-3-6 "牵罟"园区海报

图1-3-7 "海边寮寮"新屋海客音乐季的海报周边商品

1.3.4 反思

1. 为什么会出现"地方创生"这一概念?
2. 如何发挥设计师自身力所能及的社会责任感?
3. 社区居民如何通过地方创生感受归属感?
4. 什么样的就业机会能吸引年轻人回到或留在地方城市?
5. 地方创生活动如何与年轻人的需求和兴趣相匹配?
6. 地方政府如何优化政策来促进年轻创业者和小企业的发展?
7. 地方文化和创意产业应如何发挥作用增强地方的吸引力?
8. 如何利用数字化和互联网技术缩小地方城市与大城市之间的差距?
9. 教育资源在地方创生中应如何分配以满足年轻人的需求?

第 2 章
时尚产业与设计的未来

CHAPTER 2　THE FUTURE OF THE
FASHION INDUSTRY AND DESIGN

2.1 | 纺织品上的人类规模技术改造

Technological Transformation of Textile Upgrading on a Human Scale

摘要：长期以来，身体一直是科学、社会学、艺术学与哲学等领域重点关注的对象。身体作为人类在物质世界的存在形式，是人类感知世界的媒介，承载了人类自身多元的感官与生理需求。同时，身体作为人类与外界交流的载体，又在人类漫长的发展史中，成为展示身份、意识形态、社会观念、审美价值等丰富意义的文化符号，被注入丰富的文化意义。身体可能会经历生、老、病、死等阶段，这种不确定性创造了研究身体的新标准。杰弗里·戴奇（Jeffrey Deitch）在步入21世纪后使用了"后人类"一词，揭示了人类进化史进入了新篇章。生物技术、控制论和人工智能等研究与技术使操纵身体和身体功能成为可能，使人体能够以人工方式进行重建和扩展。

未来，语音、视觉和情感等领域的人工智能将使超级互联网和可穿戴纺织品成为可能，通过扩展人类的可能性，在实现"超级人类"领域的人体进化方面发挥重要作用。在科技高速发展的时代，基于人体开发的技术以一种全新的方式进化和变化。通过审视当前的各种纺织形式，提出未来纺织品的关键点是新兴纺织品和传统纺织品的交融贯通。

关键词：智能纺织品，未来纺织品，纺织品技术，纺织品纳米技术，可再生材料

对话嘉宾

朴智瑄

韩国祥明大学创意设计品牌发展中心首席研究员和创意融合设计中心特聘教授，韩国国家研究基金会弘益大学产学合作的联合研究员。

丁肇辰

北京服装学院新媒体系主任，北京市引进港澳台高级人才，意大利米兰理工大学全球学者，中国通信学会移动媒体与文化计算委员会委员。

2.1.1　纺织品的发展趋势

近年来，3D纺织品是热点话题，可以讲讲3D纺织品的应用吗？

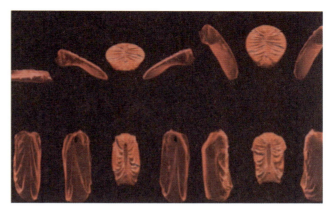

图2-1-1　用3D纺织材料制作的数字动画作品

朴

　　3D纺织品是一个可以扩展的领域，可以作为元素应用于新媒体、艺术和设计等领域。举个例子，用3D纺织材料制作的数字动画作品，是一个极具创意的领域，也是一个在未来充满希望的新领域，这就是数字工艺。设计师在未来可以拓宽思维和设计思路，在新媒体艺术作品中使用软雕塑和纺织品，这种技术对当代时尚产生了非常积极的影响，很适合继续发展（图2-1-1）。

　　纺织品还可以对空间结构进行调整，并通过本身的形式功能来发挥审美作用。例如，使用无纺纤维制作的软雕塑（图2-1-2）。"无纺"是指将所有的纱线纤维压在一起，混合在水中，然后黏合在一起。

在进行产品设计时，纺织品在材料应用中有哪些可能性？

　　纺织品在材料应用中具有很多的可能性，构成纺织品的基本单位是由天然的或通过人工获得的夹层和末端的纤维捻合而成的线。线条以机织、针织和非织造的形式构造，

图2-1-2　以无纺纤维为材料设计的作品

通过线的变化形成各种面和结构。我们将各种各样的纺织艺术品称为"软雕塑"，艺术家及设计师可以使用纱线和织物以柔软形式创作作品，不同颜色的线条会利用其物理特性成为发挥功能作用的基本单元，包括正负空间、透明空间和立体空间（图2-1-3）。

丁

当前的媒体技术与材料科技让纺织品有了哪些新的特性？

朴

新的特性主要体现在三方面，即亲肤性、延展性、多样性。

第一，亲肤性。纺织品具有亲和力与舒适度，其材料是最能贴合人体皮肤的材料之一。同时，纺织品的柔软性赋予了衣物在贴合身体的同时还具备活动性与运动性的特性。

第二，延展性。在多种材料合成的应用品中，纺织品具有较大延展性。合成材料和有机材料都相互制造了新的互连材料，可以轻松地进行组装与扩展。艺术家们可以基于灵感，利用各种纤维材料创造纤维艺术作品，将新的变化与组合概念推向世界。

第三，多样性。新形态的纤维结构形态变多，且其仍具备纤维柔软的质感，因此作为艺术形态的一种，它能够实现空间的有偿变化，发挥形态本身的功能美学。从传统纺织品的角度来看，其外观就已经具备多样性，可通过多种技术进行呈现。

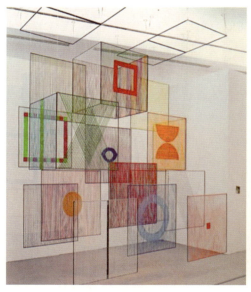

图2-1-3　利用不同颜色线条的物理特性创作的立体空间艺术作品

2.1.2 纺织品表面结构的应用

纺织品的表面手感在设计中可以怎样表现和延展?

纺织品的表面手感在设计中可以通过染色、数码印花、丝网印刷、刺绣、拼贴、激光切割和热加工等多种技术表现出来,这些表现技术创造性地以各种重新诠释传统的形式应用于现代设计中。表面设计意味着在物体表面使用各种技术印刷或染色,在图2-1-4所示的染色作品中,作品颜色以织物扎染的3D形式晕染,赋予了织物意想不到的艺术表现形式。该作品采用了靛蓝染料,靛蓝染料是天然染料,是非常环保的材料。

图2-1-4　Fiber & Faces 12+1博览会纺织品染色艺术作品

对纺织品表面进行艺术加工的手法有哪些?

这里主要介绍两种对纺织品表面进行艺术加工的手法。一种是采用纤维素纸制作,我们可以称为"纤维状的纸",制造这种纸需要来自树木的纤维素,是分层的一种有规则的无纺布形状,纤维素具有较强的亲水性,所以,我们只需要在纤维素纸上加入水再施加一些压力,便能够在纤维素纸上创作出美丽的层次(图2-1-5)。

图2-1-5　采用纤维素纸制作的艺术作品

另一种是丝网印刷,丝网印刷和数码印花赋予纺织品时尚活力和流畅的色彩变化。丝网印刷与数码印花有点不同,二者的区别在于丝网印刷在颜色使用上是有限的,它需要印刷很多层,并且必须快速完成,但是数码印刷没有颜色限制,就像纸质印刷一样。对体验未来新技术的渴望,使人们创造了一个更广阔的设计领域,这也是瓦尔特·本雅明(Walter Benjamin)提出的技术的形式触发社会的形式,即技术变革创造了一种新的社会形式,也包括纺织领域(图2-1-6)。

图2-1-6　采用丝网印刷制作的服饰

2.1.3　智能纺织品vs可穿戴设计

什么是智能纺织品？

　　智能纺织品将传统技术与新技术相结合，并在美学功能上发挥作用，是一种跨越了艺术和设计界限的真正具有时代意义的纺织品。智能纺织品包括电子元件和所有需要引用或应用到纤维结构中以实现各种功能的电子材料。人体可穿戴智能设备就是一种很好的智能纺织品。人体可穿戴智能设备结合人工智能，最大限度地发挥纺织品物理特性的多样性和人性化的亲和力，将可以对热量作出反应或自行发光的发光纤维以各种方式应用于导体、能量收集设备、传感器、执行器、显示器等设备中，若想做一些艺术效果，可以使用各种形式的光，也可以使用文本和元素，还可以创建动态图像。人们在1983年的动画片中看到的主人公使用的各种可穿戴智能设备，如通信手表与书形计算机，在2020年已成为现实（图2-1-7）。根据预测，到

2025年，人工智能和全球新变量的世界市场将迎来大幅增长。

图2-1-7　1983年动画片中主人公使用的可穿戴设备

智能纺织品可以应用在什么领域？

　　智能纺织品下的纺织硅胶是"第二层皮肤"贴片，具有模拟皮肤的可穿戴传感器和显示器，具有3D打印、文本转换设计等功能。贴片上传感器内部空间非常小，但可以存储数据，因此适用于未来的各个领域，我们可以运用创造性的艺术理念，利用有潜力的纺织成分拓宽未来的可穿戴市场。比如在医疗保健领域，智能纺织品中的智能传感器有助于监测患者状况，可以检测身体健康并传输数据。在不断增长的生活需求和技术手段不断进步的基础上，它还可以用于研究心血管呼吸系统和神经系统等问题。其次，在航空航天领域，未来的智能纺织品将发挥重要作用，并提供生物信号和保护（图2-1-8）。

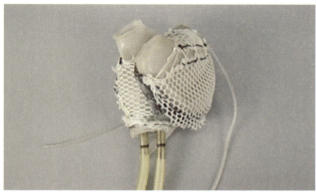

图2-1-8 第二层皮肤——模拟皮肤的可穿戴传感器和显示器

我们该如何理解并迎接智能纺织品的到来？

智能纺织品将出现在各个生活领域，如服装设计、产品设计、家居设计等，对人类未来的生活提供了巨大的帮助。然而，若不谨慎、不节约地使用智能纺织品，其可能对环境、人类健康和社会造成负面影响。因此，我们应该关注可持续发展因素，保持理智，而非盲目追求发展，以最大限度地利用并减少产品设计上的浪费。设计师和制造商必须同时具备足够的循环经济思维，力求在设计过程中节约材料。鉴于当前市面上多种纺织品并存的情况，智能纺织品和传统纺织品在融合新技术和可持续设计价值后，将是纺织品未来的应用趋势。

如何设计时尚生态系统的循环流通？

消费者行为是实现时尚生态系统循环流通所需的必然要素。同样的意愿使利益相关者的行动与联系相互链接，接着组成一个利益相关者的集合，共同创建循环制造系统。"利益相关者"包括：学术界、品牌、收藏家、消费者、设计师、数字创新者、政府；"行动领域"包括：循环设计、消费者赋能、循环共享商业模式、可回收和可再生纤维的需求、增强识别和跟踪、使用后生态系统、分类和回收、生态系统建模、政策和监管、创新投资。循环设计的每一环都属于生态系统，这是一个复杂的过程。

例如，许多快时尚品牌已经意识到了其对于地球环境的危害，因此，为了下一代的生存，他们就未来时尚生态系统的愿景咨询了整个价值链中各个环节的观点，以推动整个时尚产业供应链的利益相关者在系统范围内进行变革。一位艺术家强调了可持续循环设计的10条原则，即新模型、材料、可循环性、包装、避免浪费、耐用性、可拆卸、多功能性、翻新与绿色科学。

2.1.4 反思

1. 智能可穿戴设备与数据安全问题之间有何联系？
2. 在未来十年，哪些新材料将引领纺织品行业的创新发展？

3. 如何利用纳米技术改善纺织品的性能和功能?

4. 可穿戴技术将如何整合到日常服饰中，以增强用户体验?

5. 在提升可持续性方面，纺织品行业将采用哪些新方法和材料?

6. 智能纺织品将如何影响医疗健康领域?

7. 纺织品回收和循环利用将如何进步以减少环境影响?

8. 3D打印和其他制造技术将如何改变服装生产方式?

9. 未来纺织品将如何融入人工智能，为穿戴者提供个性化服务?

10. 文化和艺术将如何影响未来纺织品和服装设计的趋势?

2.2 | 时尚思辨与可持续趋势

Fashion Thinking and Sustainable Trends

摘要：在这个信息爆炸的时代，人们容易在众多信息中变得迷失方向且不善思考，对于信息的来源、权威性、逻辑性和科学性有时不加以判断便下意识地选择相信。殊不知，许多虚假信息便因此肆意传播。思辨思维与批判性思维鼓励人们不要盲目接受或者反对一切事物，要保持独立且辩证的思考能力。

服饰潮流与时尚变迁涉及文化、艺术、政治、贸易、科技与技术等各个领域，我们需要通过对时尚趋势与过往的艺术进行批评与反思，打破常规下对于身体、服饰、时尚的理解，消融服装作为产品的界限，重新探讨身体与生命、服饰与时尚、行为与空间、文化形态与社会意识之间的关系，反思习以为常的时尚生活与消费习惯，关注可持续材料的创新发展，思考可持续时尚设计的新方式。

关键词：时尚思辨，设计反思，可持续时尚，5R原则，跨界思维

对话嘉宾

向逸

中国美术学院服装设计与应用专业硕士、设计人文与创新方向博士生，中国美术学院创新设计学院教师。

丁肇辰

北京服装学院新媒体系主任，北京市引进港澳台高级人才，意大利米兰理工大学全球学者，中国通信学会移动媒体与文化计算委员会委员。

2.2.1 时尚产业的危机

为何说时尚产业正面临一场灾难？

近年来，崛起的快时尚风潮让人们忽略了对可持续的关注。事实上，目前过量消费和过量购买的问题已十分严峻，人们每年从地球获取5000亿吨资源做成各种各样的产品，购买以后常忽略可循环利用的机会并将其丢弃，据统计，售后6个月仍在使用的材料不到1%，大约99%被浪费掉了。几乎所有的消费趋势都在引导买家进行商品的快速更替，而在更替的过程中造成了大量资源的耗费。除了物质耗费外，整个过程中使用的大量的化学制剂也会污染环境，而一些代加工工厂的员工权益也无法得到保护（图2-2-1）。

资源的过度损耗

"快时尚"让整个时尚产业的循环周期从以"季"为单位加速到以"周"为单位，过度消耗更多能源。使用的化学制剂也会导致更多的环境污染。

快时尚风潮

在21世纪的首个十年间，快时尚风潮崛起，人们过分追求瞬息万变的时装潮流，忽略了对可持续性的关注。一时间，人们的衣橱极速膨胀，旧衣堆积如山。

环境的灾难

"快时尚"对流行趋势的追逐大大超出对产品质量的把控，这意味着许多只穿过一季的服装会被主人无情扔掉，或任由它们在衣橱里堆积成山，成为既成事实或潜在的排放垃圾，对环境造成巨大压力。

图2-2-1 时尚产业面临的风险

2.2.2 时尚产业的风向标

可持续设计为时尚产业带来哪些转变？

可持续设计为时尚产业带来的转变分为四个阶段——绿色设计、生态设计、系统设计、社会创新设计（图2-2-2）。

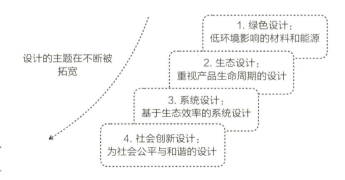

图2-2-2 可持续设计的四个阶段

第一阶段是绿色设计阶段，旨在降低对环境的影响，如可以循环再生、循环利用。绿色设计的理念还停留在"过程后的干预"，是在意识到问题和危害后，采取缓和与补救的措施，本质上只是在一定程度上缩小了危害的强度，延长了危害暴发的周期。

第二阶段是生态设计阶段，这一阶段是对产品生命周期全过程的设计思考，不仅是最终结果，而且涉及产品设计的各个方面、各个阶段对环境因素的关注程度，在设计的过程中就要进行干预。例如，使用可降解的菌丝材料制作服饰、包装等，代替不可回收的材料，对环境更加友好（图2-2-3）。

图2-2-3　使用可降解材料制作的包袋

第三阶段是系统设计阶段，这一阶段超出一般只对"物化产品"的关注，进入"事"的设计领域，如过去购买实体店的CD会产生物料的耗费，而现在人们用线上聆听的方式就会减少这样的耗费。系统设计指从设计产品到设计"解决方案"的过程，解决方案可以是物质化的产品，也可以是非物质化的服务。

第四阶段是社会创新设计阶段，也可以理解为可持续设计阶段，这一阶段关注社会公正与和谐，处于相对前沿

的状态（图2-2-4）。例如，位于米兰的废弃建筑与街区，人们通过"街道社区"的方式把旧的建筑重新使用起来，让人们走出家门彼此认识，平等地交往，举办各种各样的艺术活动、表演活动，重新利用各种场所。

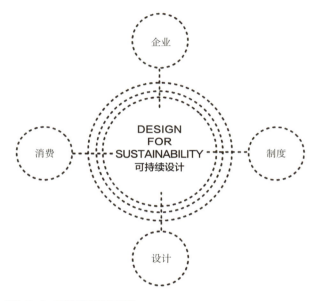

图2-2-4　可持续设计的要素

"设计"这个概念正在经历重大的转型，设计已经不仅限于外表，而且同时涉及人们的行为、理解、沟通、情感、欲望、意义和人类本身。"可持续设计"简而言之即"当下不要做有损于未来的事情"，我国在20世纪90年代提出"可持续"概念后，顺应可持续发展的可持续设计便已经成为一种必然趋势。

时尚界如何借助数字娱乐产业实现可持续发展？

如今，时尚界与数字娱乐产业的联系似乎越来越多，众多时尚品牌纷纷通过数字媒体的形式发布和宣传自己的新产品，以接触更广大的年轻消费群体，这些品牌推广的形式不仅和数字媒体紧密贴近，也非常好地展现了可持续发展的目标，也就是实际生产出更少的成衣。近年来，各大厂商均开始关注"电子服装"，并且通过年轻消费者熟悉的娱乐游戏平台推陈出新。例如，英国奢侈品牌博柏利（Burberry）与游戏直播平台合作，直播其2021年春夏时装秀，并允许嘉宾线上看秀与实时聊天，创造一种个性化与包容性共存的看秀与购物体验；古驰（Gucci）与社交平台共同推出增强现实（AR）线上香水虚拟体验小游戏，并且在美国市场推出"花悦"（Bloom）系列香水作品；荷兰的虚拟服装公司Fabricant 在"以太坊大会"（Ethereum Conference）上高价拍卖了一件数字藏品（NFT）高定服装。

2.2.3　可持续时尚设计

可持续时尚设计的原则有哪些？

可持续时尚设计从环境艺术与服装的角度来说有"5R"原则，包括："反思、再评价"（Revalue）；"再利用、重新使用"（Reuse）；"更新、改造"（Renew）；"再生使用、循环利用"（Recycle）；"节约原则、低碳"（Reduce）（图2-2-5）。

第一个原则为Revalue——反思、再评价。作为设计师，要进行不断地反思与再评价，比如在什么基础上可以去改变和创新。以日本的一个住宅设计为例，一般情况下人们会选择把挡住建筑的树砍掉或是移走去做一个建筑，

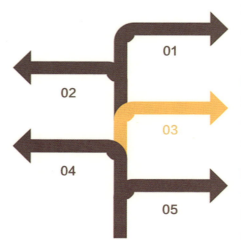

Reuse——再利用、重新使用
把旧的物品原封不动拿来使用，或对旧物进行拆解并重新组合利用。

Recycle——再生使用、循环利用
将各种资源尤其是紧缺资源、稀有资源或不能自然降解的物质尽可能地加以回收利用、循环使用，或通过某种方式加工提炼后进一步使用。

Revalue——反思、再评价
对现有设计思路及形式进行积极反思，摒弃过去不可持续的思想和做法，从可持续发展的角度对设计进行"再认识""再思考"。

Renew——更新、改造
对旧的事物进行更新改造并加以重新利用。在升级的过程中，旧物件被改造，其外观或功能性产生较大的变化，可跨领域使用。

Reduce——节约原则、低碳
一是减少对资源的消耗，二是减少对自然的破坏，要充分利用自然资源，三是减少对人体的伤害，杜绝铺张浪费的趋势。

图2-2-5　可持续时尚设计的"5R"原则

而当时一位设计师进行了反向思考，他将房间与树结合，设计了具有生态美的建筑（图2-2-6）。

图2-2-6　日本的创新住宅设计

第二个原则为Reuse——再利用、重新使用。这一原则是指把已有的东西拆解之后重新进行配置与搭建，这在今天是十分值得推崇的。例如，浙江宁波博物馆把当地旧的村落拆解以后，使用旧材料重新进行了组合和拼接，搭建了新的建筑形态。还有雅典的YEshop服装店的店面，在装潢上使用瓦楞纸作为主要材料，这些材料在两年后可以全部回收（图2-2-7）。

图2-2-7　YEshop服装店的可回收装潢设计

第三个原则为Renew——更新、改造。这一原则指的是将旧的东西拆解以后塑造新的用途，如芬兰的一所艺术学院是将原来的电缆厂拆解后，保留旧的结构和文脉，在此基础上搭建而成，一定程度上属于更新和改造。在设计师品牌的领域里，设计师科瑞丝·维斯林（Kress Wesling）将污染环境无法回收的老化消防水管做成皮带、皮包等耐用时尚的设计产品。到目前为止，他已经回收了100吨产业垃圾。在服装领域里，主要采用对材料进行再造的方式，如将生活垃圾进行肌理上的再塑造，成为服装的造型，或使用废旧报纸做成在服装上有支撑感的新材料（图2-2-8）。

图2-2-8　设计师科瑞丝·维斯林设计的产品

第四个原则为Recycle——再生使用、循环利用。循环利用即在物质回收以后进行再塑造，如英国人十分喜欢嚼口香糖，英国政府大约每年要花费1.5亿英镑来清除残留在地上的口香糖。针对这一现象，设计师安娜在口香糖的残渣中提取了一种名为"布鲁斯再生胶"的聚合物，她将这种胶制成了口香糖收集器挂在街道上，收集到一定数量的口香糖以后，她便把这些废料制成了采用布鲁斯再生胶制作的产品，包括杯子、鞋底等，实现了从产品到废料、再从废料到产品的闭环，值得借鉴（图2-2-9）。

第五个原则为Reduce——节约原则、低碳。减少资源的耗费同样是非常重要的，正所谓"开源即节流"。由法国巴黎的设计师让·诺维尔（Jean Nouvel）设计的阿拉伯世界研究中心，其创新点在于，诺维尔通过利用传统照相机镜头里的光圈工作原理，在242个遮阳板上安装了27000块由光电控制的铝片薄膜，排列组成不同的阿拉伯风格图案，并由计算机自动控制进光量，使其能根据室外的光线强弱来调节室内的采光量，因此室内不需要灯具，减少了资源的耗费（图2-2-10）。

的发布会上发布其改造后的成衣，后来她还设计出了一种可持续的商业模式：根据衣物组织与结构的特点，将较常见的旧衣物料，如牛仔裤、衬衫等，进行标准模式化设计与生产。在她的手里，任意两条旧的牛仔裤都可以拼接成一件全新的牛仔夹克。这种可以回收利用的模式具有突破性的一点是可以进行批量化的生产（图2-2-11）。

图2-2-9　采用布鲁斯再生胶制作的再生产品

图2-2-10　让·诺维尔设计的阿拉伯世界研究中心

图2-2-11　设计师张娜的作品

　　总之，可持续设计不仅关注产品的设计问题，而且积极倡导合理的生产和消费方式，以谋求创造更合适的生活方式。

能否分享服装设计领域中的回收再创新设计？

　　设计师张娜收集了大量的旧衣进行改造，同时在每年

2.2.4　反思

1. "可持续时尚"这个概念的边界在哪里，有没有比较明确或者比较清晰的应用范围？

2. 未来语境下的可持续时尚将会是什么形式？

3. 当前的时尚产业该表达怎样的使命？

4. 如何评估一个时尚品牌的可持续性？

5. 循环经济对于推动可持续时尚的发展有何作用？

6. 消费者如何通过购买行为促进可持续时尚的发展？

7. 时尚产业如何解决过度生产和消费的问题？

8. 慢时尚与快时尚相比，其可持续性表现如何？

9. 二手服装市场在可持续时尚中扮演什么角色？

10. 时尚品牌如何通过供应链透明度提升其可持续性？

2.3 | 时尚媒体真的还需要存在吗

Does the Fashion Press Really Need to Exist Anymore

摘要：早期的时尚媒体受制于当时的传播方式，只得采用纸质媒介进行传播，且由于没有照片、图像，其内容均为手绘。19世纪中叶，美国印刷行业发展迅速，时尚杂志顺势而生，历史上第一本时尚杂志《时尚芭莎》（*Harper's Bazaar*）便在这一时期诞生。随后，众多时尚品牌出于宣传需要，开始邀请社会各界的名流身着各自品牌的服饰参加时装秀，同时打造品牌故事，赋予品牌独特的设计精神和理念，之后又诞生了时尚广告。

新媒体时代的到来对传统媒体形成了致命的打击。手机、互联网、数字电视等新媒体具有传统媒体较难实现的数字化、交互性、个性化、超时空性等优点，而时尚公司为追求更高的销售利润，自然无法满足于仅让顾客通过翻阅杂志来随机性地获取信息，再加上时尚博主和线上杂志更受人们欢迎，于是时尚杂志开始慢慢淡出人们的视野。

值得注意的是，时尚杂志在这个过程中并没有消失，因为时尚博主大多数时候只能提供信息，很少直接形成销售，时尚杂志只是在影响力方面有所下降。后来，电子商务进一步改变了人们的生活方式，使人们更加依赖电子化和网络化的产品。那么此时此刻的时尚杂志又该何去何从呢？

关键词：时尚品牌，时尚杂志，互联网技术，传播语境，新时代转变

对话嘉宾

隋建博

*Vogue*多版摄影师、Calvin Klein全球广告摄影师，璞履（POUR LUI）、Maison Sans Titre主理人及创意总监。

丁肇辰

北京服装学院新媒体系主任，北京市引进港澳台高级人才，意大利米兰理工大学全球学者，中国通信学会移动媒体与文化计算委员会委员。

2.3.1　时尚媒体的起源

早期的时尚媒体是如何产生的？

好的品牌需要得到好的宣传。19世纪中期，时尚品牌为了宣传推广，采取了印刷媒介的方式，时尚杂志作为早期的时尚媒体也应运而生。早期的时尚杂志并没有图片，而是使用手绘形式绘制而成，其雏形来自巴黎上流社会的女性与朋友分享喜爱的服装、首饰时使用的印刷物，而后美国印刷行业愈加发达，世界上第一本商业时尚杂志《时尚芭莎》随之诞生。后来随着摄影技术的发展与流行，才有了更直观的时尚图片。

第二次世界大战之后，时尚媒体有了新的表现形式，品牌方会邀请上流社会人士参与当时的时装秀以达到大力宣传的效果。设计师查尔斯·弗雷德里克·沃斯（Charles Frederick Worth）是世界上第一个创造时装秀的设计师，他在19世纪末开创了时装秀，同时还创造了服装的高级定制。紧随其后出现了更多时尚品牌，如路易威登（Louis Vuitton）、芭芭拉·裴（Barbara Bui）等，同时由于工业革命的推动，这些品牌发展相对成熟。当时的时装秀场更像是一场关于服装零售的订货会，模特们手持或者佩戴标记号码牌上台，由后台的工作人员来介绍服装的相关信息。

随着资本家对品牌更高曝光率的渴望，时尚媒体需要更好的宣传方式，时尚广告应运而生。早期的时尚广告其实是以图片的形式来呈现品牌的精神、理念、故事，而现在的时尚杂志由于朝着更直观、更商业化的方向发展，对品牌故事的重视程度有所下降。

2.3.2　时尚媒体的新机会

时尚媒体在今天发生了什么转变？

在今天的新媒体时代，各个品牌大跨步朝数字化的方向发展，有更多的品牌倾向于通过"把自己变成一个媒体"的方式引起受众群体的关注，时尚杂志作为一种传统媒介的影响力正在逐步下降。过去，时尚杂志作为一个庞大的桥梁可以连接时装与受众，它的不断发展使更多行业之外的人了解到时装，也推动着整个时尚产业的发展。现在，随着行业发展，时尚公司追求更高的销售利润，已无法满足于让顾客通过翻阅杂志来随机性地获取信息。互联网的发展也促使各大社交平台的时尚博主出现，改变了传统单一的纸媒宣传方式，时尚公司通过时尚博主的推广可以花更少的预算且更直接地传递信息给受众。

互联网技术为时尚品牌带来了什么？

互联网的崛起带给时尚产业更多机遇，对于如今以线上销售为销售基础的时尚品牌来说，互联网平台为其提供了成长壮大的机会。品牌和品牌之间可以通过相互的支持及沟通让新产品的推出有较为新颖的营销手段，使优秀的产品能够从中快速脱颖而出，成为销售的主要力量。

2.3.3 反思

1. 数字时尚会不会成为生活中常见的时尚表达方式?

2. 数字时尚在未来会替代传统时尚吗?

3. 消费升级时代人们如何去实现审美自由?

4. 社交媒体如何改变了人们获取时尚信息的方式?

5. 如何评价时尚媒体在促进时尚产业可持续发展方面的贡献?

6. 在数字化时代,时尚媒体如何适应趋势以保持其相关性?

7. 当前的时尚媒体如何影响着消费者的购买决策和时尚观念?

8. 除了视频、图像和文字报道之外,时尚媒体还能提供哪些价值?

9. 时尚媒体与时尚博主相比,有何不同的优势?

10. 当前的时尚媒体是否成功地适应了多样化和包容性的要求?

第 3 章
非遗的传承与发展

CHAPTER 3   TRANSMISSION AND
DEVELOPMENT OF INTANGIBLE
CULTURAL HERITAGE

3.1 | "非遗"与"文创"——两个关键词

"Intangible Cultural Heritage" and "Cultural Creativity" —Two Key Words

摘要：非物质文化遗产与文化创意产业是两个不同领域的重要概念，二者有相通之处，同时也有完全不同的语境与逻辑。本次讲座将辨析两个概念的不同之处，并讨论优秀传统文化如何在当下实现创造性转化与创新性发展的问题。

关键词：非物质文化遗产，少数民族文化，创造性转化与创新性发展

对话嘉宾

意娜

"国家高层次人才特殊支持计划"青年拔尖人才，哈佛大学燕京访问学者，中国社会科学院民族文学研究所研究员，中国中外文艺理论学会中国文化创意产业分会副会长，中国加拿大少数民族文化遗产保护项目专家，"U40青年文化产业工作营"发起人。

丁肇辰

北京服装学院新媒体系主任，北京市引进港澳台高级人才，意大利米兰理工大学全球学者，中国通信学会移动媒体与文化计算委员会委员。

3.1.1 "非遗"和"文创"是两个不同概念

我们该如何理解"非遗"和"文创"？

"非遗"与"文创"虽然是两个完全不同的领域，但经常通过多种方式在不同领域密切合作。非遗倾向于保护，其诞生之初是为了反对文创带来的去语境化、舞台化和过度商业化，随着传统生活环境的改变和社会发展，开发合理的文创现已成为保护非遗的有效手段之一，并为非遗发展赋能，促进非遗的活态保护。我国在加入非遗保护公约之前就已经开展了民族民间文化的保护工作。2004 年，我国正式加入《保护非物质文化遗产公约》，并将"民族民间文化"的概念统一为"非物质文化遗产"，简称"非遗"。

根据《保护非物质文化遗产公约（2003）》，非遗的定义是"被各社区、群体，有时是个人，视为其文化遗产组成部分的各种社会实践、观念表述、表现形式、知识、技能以及相关的工具、实物、手工艺品和文化场所……"。其中最重要的一点是，非遗保护的核心是"人的活动"，而不是"物"本身。这里的"人"包括社区、群体、个人。《保护非物质文化遗产公约（2003）》的签署为全球各地开展非遗保护工作提供了依据，也形成了规范，建立了行为的边界。联合国教科文组织提出一系列指导意见，各个国家将这些指导性意见结合本国实际情况，细化为国家保护方案与保护政策。

"文创"则是针对民族民间文化向外的、面向积极发展的，2005年发布的《保护和促进文化表现形式多样性公约》

提出，文化的表现形式具有多样性，同时丰富多彩的文化通过艺术创造、生产、传播、销售和消费的方式得以表达、弘扬和传承。传统文化就这样与文化创意产业产生了密切的关联。总的来说，文创与非遗属不同公约中的概念，而设计师就是这两个领域之间重要的沟通桥梁（图3-1-1）。

图3-1-1 "非遗"与"文创"是两个概念

对"非遗"这一概念，我们应该避免哪些误解？

有一些常见的关于非遗的说法是错误的，如"非遗文化"。因"非遗"概念本身就包含文化，在正式文件和报道中都不会采用"非遗文化"的说法，但在很多地方活动的宣传报道中可见到"体验非遗文化""发展非遗文化"等，这都是不正确的。同时，像"原生态"这样的说法如今也因为否定了非遗的活态特征，阻碍非遗的良性发展，在全球范围内都不建议用来描述非遗。此外，与之类似，"权威的""本真的""独一无二的""独特的"等都是不推荐用来描述非遗的词汇。

你记忆中印象最深刻的非遗是什么？

可能是春节吧！春节于2006年被列入中国非物质文化遗产名录，其一些传统习俗，如年夜饭、送红包、舞狮等活动，在我国社会关系中具有深刻的意义。"爆竹声中一岁除，春风送暖入屠苏"，现在，在全球背景下，春节不仅是中国的传统节日，其精神内涵也已为全球各地的人们所了解与接受。世界各地的人们在庆祝春节的同时，都希望新的一年有一个新的开始，与过去的苦难烦恼挥别，迎来崭新的幸福快乐的一年。

3.1.2 设计是沟通非遗与文创的桥梁

非遗与文创能否通过设计联结起来？

可以，其前提是设计师要首先理解民间文化，并建立起民间文化的整体性原则。每一种民间文化符号的背后都蕴含着文化价值观，并与其背后的社会和文化环境紧密相关。所以设计师看到的不应该只是某一种技法或者某一种图案，还要考虑技法背后的创造者，以及图案产生的文化生态背景与符号背后的整体文化价值观。这些年，关于民间图案、材料、颜色等元素在设计中被误用的负面评论甚至引起纠纷的案例非常多。文化创新是在一定限度和规矩内的创新，在既有的传统文化下创新。艺术创新与创造，须优先考虑民间文化的整体性，如故宫文创中的彩妆系

列，其眼影颜色的设计选取自故宫博物院中收藏的点翠类首饰中的蓝、金元素，展现出风情万种又极具气场的魅力（图3-1-2）。

图3-1-2 2016年故宫文创彩妆——"凤仪天下·点翠"系列眼影

非遗与数字时代的发展有没有关联？

如今非遗已不可避免地进入了数字时代，当下已经有很多关于非遗与区块链、数字藏品结合的尝试和讨论，但非遗在知识产权的界定方面至今在国际上和国内都没有办法完全按照现有的知识产权保护法规和注册制度下定论，因此也仍然有许多争议。我们必须承认，不论对非遗与版权的话题持何种看法，非遗都已经在实践中面对数字时代的新场景了，而且这会逐渐成为不得不面对的问题。就目前的实践来看，与手工艺和产品类型相关的非遗项目可以对应到具体的"物"上，由于其比较容易参照普通商品的相关规定执行，所以较容易进行数字资产的转化。但是非遗中仍有多数的口头性、仪式性的无形遗产，在现有的法

律和操作上还没有较好的处理手段。

我曾经指导研究生做大运河饮食文化设计研究课题，能否针对这个课题给我一些好的建议？

京杭大运河作为非物质文化遗产，在研究方向中扮演了对饮食文化发源地进行定位和划界的重要角色。这一课题专注于饮食文化的非遗研究，其核心在于深入挖掘，需要提炼每一种饮食的核心特征，以便进行儿童科普的设计。关于运河沿岸饮食类非遗具体信息，可以查阅中国非物质文化遗产官网，了解国家级项目名录，也可以在各省的非遗保护信息官网中获取相关的非遗饮食名录和介绍。

可否分享一下你指导过的非遗设计课题？

2021年，我在"北京设计周"期间的一次"设计工坊"活动中主持了"文化持续力——数字媒介下的非遗研究"课题。在这个课题中，我带领学生团队开发了一款名为《花中道——传统中式插花游戏》的应用程序。这是一款关于中式插花的线上互动游戏，用户可以根据引导按照传统插花的流程完成一件插花作品。团队将中式插花所倡导的自然简约之美、善用线条造型、不对称构图营造诗情画意的世界等美学理念通过数字化手段转化成为易于学习的教程。这款应用程序表达了中华民族文化特色和中国传统审美观，同时将插花艺术用于个性化礼物的定制，与花店联名，赋予中式插花新生命，让使用者为想念的人送上别出心裁的祝福，实现了跨越时空的情感传递。

3.1.3 反思

1. 非物质文化遗产的具体定义是什么？
2. 我们为什么要保护非物质文化遗产？
3. 如何有效识别和记录各种可能会消失的非物质文化遗产？
4. 如何结合现代科技手段保护和传承非遗？
5. 非遗在现代社会中如何实现创新发展？
6. 如何提高公众对非遗的文化价值的认识？
7. 非遗在国际交流中起到了什么作用？
8. 如何平衡非遗保护与商业化发展之间的关系？
9. 非遗教育如何融入学校和社区的教育体系？
10. 如何促进非遗与旅游、设计等其他产业的融合？

3.2 | 非物质文化遗产保护
Safeguarding of Intangible Cultural Heritage

摘要：2020年12月，随着"太极拳"和"送王船——有关人与海洋可持续联系的仪式及相关实践"两个项目的申遗成功，中国已有42个非物质文化遗产项目被列入联合国教科文组织非物质文化遗产名录，居世界第一位。

非物质文化遗产是劳动人民智慧的结晶，承载着生产消费、衣食住行、民风民俗、娱乐技艺、礼仪信仰等历史印记，是研究地方传统文化和历史变迁的"活化石"。如今，随着科技的高速发展，有些非物质文化遗产不得不面对即将消失的窘境，加大非物质文化遗产的保护力度已刻不容缓。在新时代背景下，有必要将非遗与现代文化融合，让非遗焕发出新的光彩。通过了解非物质文化遗产的形式，分析其对社会及人群在特定时期的意义，认知其对现今社会的价值，从而对其进行保护与传承。从非遗永续的可能性来思考，利用文化创意赋能作为一种践行概念，对非遗本身乃至地方，都有机会产生再次创生的新价值。

关键词：非物质文化遗产，文化创意产业，文化挖掘，地方创生，品牌故事

对话嘉宾

温国勋
福建理工大学教授，曾任澳门理工学院艺术高等学校副教授、文化创意产业教学及研究中心主任、跨领域硕士学位课程主任。

丁肇辰
北京服装学院新媒体系主任，北京市引进港澳台高级人才，意大利米兰理工大学全球学者，中国通信学会移动媒体与文化计算委员会委员。

3.2.1 文化遗产与文化创意产业

你如何理解非物质文化遗产？

　　非物质文化遗产是社会、群体或个人视为文化遗产组成部分的各种社会实践、观念表述、表现形式、知识、技能，以及相关的工具、宝物、手工艺品与空间文化。对于文化遗产本身，我们需要去做一个认定，进而研究、保存、宣传、弘扬，乃至传承等。非物质文化遗产的英文还可以译为"生活遗产"，其本质是古代劳动人们智慧的结晶，包括传统习俗、民间故事、自然知识、传统饮食、文化信仰等，这些有形的和无形的文化遗产都可以被称为"生活遗产"。例如，我国非物质文化遗产皮影戏，其包括工艺制作、表演技术以及民间故事等一系列内容。如今，现代观念、现代科技与现代文化艺术形式等影响了皮影戏传统的表达方式，使其发生新的转换（图3-2-1）。

图3-2-1　皮影戏的定义

你如何理解文化创意产业？

　　文化创意产业以深厚的文化背景为底蕴，用创意的手法与方式做整合，是给消费者提供深度文化体验与高度美感商品的产业。文化创意产业源于文化元素的创意与创新，可以产出高附加值的产品，且可形成具有规模化生产和市场潜力的产业。此外，生活中的衣、食、住、行等方面都可以与文化创意产业相关。创意通过某种方式融入产品，且产品同时具备核心知识、深度体验能力、高度的美感以及可持续经营才符合创意生活产业的要求（图3-2-2）。

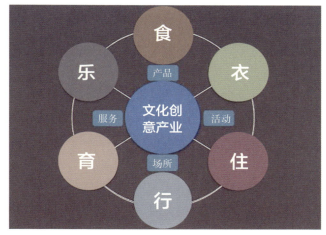

图3-2-2　文化创意产业相关产品

如何看待文化遗产保护与文化创意产业？

文化遗产转化为文化创意产业是实现文化遗产保护的一种途径，其关键是关联与转化。文化创意对同一事物可能会造成不同的结果，同样的程序或方式经过转化也会有不同的结果与机会。澳门特别行政区的非物质文化遗产包括粤剧、凉茶、木雕等，澳门特别行政区政府为了保存和记录文化遗产，基于文化遗产保护法识别非物质文化遗产并拟定清单，被列入清单的非物质文化遗产受到法律保护以及文化创意产业的政策支持。

3.2.2　文化遗产的保护与传播

文化创意产业在保护非遗上有何独特的优势？

文化创意产业有助于在保护非遗的同时赋予其一定的功能，从而形成可产业化的运作方式，对于非遗的保护提供极大的帮助。通过文化创意产业的介入，可以建立一个良性而有机的发展模式，为非遗的生存和传承提供支持。非遗在文化和历史的演进中具有重要的价值，这种价值应当得到有效的保护，而被良好保存下来的非遗有望通过文化创意产业发展为一种具有经济效益的产业。然而，若不能建立合理的机制，将非遗变成一个有序发展的产业，非遗可能将一直依赖政府的补贴运作，这对非遗的可持续发展并不利。

相比有形文化遗产传播，无形文化遗产是否更好传播？

无论是有形的文化遗产还是无形的文化遗产，都必定经历了传播的过程。对于无形的文化遗产，我们可以从其传承过程中提炼内容，转化为品牌故事，并产出相关产品，这个产品可能是一种活动体验，也可能是某一段活动中的经历。这些无形的文化遗产为现代人提供了体验的机会，使无形的文化遗产有更多被延续的可能性，并在延续的过程中创造更多的经济效益，从而帮助无形的文化遗产形成有机的发展模式，比如展示产品体验或使用的过程，可以思考一下当我们欣赏一段歌曲时，是否有机会融入这种模式，使人们在体验无形产物的同时也了解其文化价值。

3.2.3　文化创意产业的商业化发展

你对非遗的传播有什么建议？

人们以往通常通过展览、展演等方式来宣传非遗，但这种传播方式的时间和空间都会受限。近年来出现了许多传播非遗的纪录片，但人们的生活节奏加快，生活压力增大，能够花上三四个小时观赏一部纪录片对当下的年轻人来说是一种"奢侈"，且传播渠道主要集中在电视等传统媒体上，导致年轻人了解非遗的渠道有限。

为了更好地传播非遗，我们可以将目光转向现在吸引大量年轻人关注的短视频平台。短视频碎片化的视听内容使非遗能够更好地被记录，且更便捷地被传播。通过短视频的碎片化传播，相信非遗会越来越多地走进大众的视野，在新平台里获得新生。例如，著名京剧演员王佩瑜在社交平台上分享自己在台后化妆的过程，几十秒的时间就可以让观众感受到京剧演员在后台"变装"的风采，这段视频深受网友们的喜爱并获赞15.7万次。据统计，现在平均每3秒钟就有1条与非遗有关的短视频被上传到各大平台。

如何通过文化赋能经济发展？

要想通过文化赋能经济发展，首先，需要相关行业引入文化要素、文化作品、文化工具、文化运作等，实现自身产品的形态、服务品质、品牌内涵的变革。其次，文化创意赋能经济发展，能够产生一种独特的商业体验空间，其本身也符合时下追求美感的时代潮流。最后，现代人的生活追求个性化，消费行为本身需要包含体验及纪念功能，因此以文化赋能经济发展为前提的文创产品要用设计来吸引消费者，用品质来留住消费者，最重要的是设计中可以根植本地文化。

3.2.4　反思

1. 设计师如何通过现代设计理念重新诠释传统非遗？
2. 哪些创新设计策略可以提高非遗产品在市场上的吸引力和竞争力？
3. 设计在促进非遗数字化展示和传播方面能发挥哪些作用？
4. 如何利用跨界合作将非遗融入日常生活用品设计中？
5. 设计如何帮助提升公众对非遗重要性的认识和理解？
6. 哪些方式可以让设计师和非遗传承人之间建立有效的沟通和合作机制？
7. 设计可以如何助力非遗在国际舞台上的推广与交流？
8. 如何通过设计教育培养更多对非遗传承有兴趣的设计师？
9. 设计对于保护和活化面临失传危险的非遗技艺有何贡献？
10. 在设计领域内，如何评估和提升非遗项目的可持续发展能力？

3.3 | "道成都"——地方生活文化的多感官、跨媒介表达

"Talking About Chengdu" —Multi-Sensory, Cross-Media Expression of Local Life and Culture

摘要：地方生活文化通过什么载体来表达？其中，设计又能做什么贡献？在传统文化的传承与创新中，什么在变化，什么在延续？在城市发展同质化的今天，成都树立了独特的城市文化品牌，在市井而具体的且充满烟火气的多感官生活体验中实现了高效率传播和强化。通过设计学视角，我们不仅可以找到这些生活事实的自然规律及其与地方自然风貌、文化脉络的联系，发现其转化规律并加以应用，并拓宽设计媒介创新的视野，而且可以从地方文化与生活方式出发，融合品牌学、社会创新、可持续发展等系统化、前瞻性的设计策略，为新中式生活方式的营建提供思路与解决方案。

关键词：成都，生活方式，感官体验，城市文化品牌，道文化

对话嘉宾

蔡端懿

四川大学艺术学院设计与媒体艺术系讲师，西南民族民间传统文化设计研究中心负责人，清华大学艺术学博士，国家公派米兰理工大学联合培养博士。

丁肇辰

北京服装学院新媒体系主任，北京市引进港澳台高级人才，意大利米兰理工大学全球学者，中国通信学会移动媒体与文化计算委员会委员。

3.3.1 基于城市文化的设计

你在城市设计方面有什么建议吗？

在进行城市街区设计时，可采用起承转合的设计思路，从设计定位到选材（编码）、提炼（特征化）、转化（创新），再到最终的调和（完善）。设计应在城市传统内核延续的基础上，对城市外在进行创新设计。同时，设计也能成为贯穿其中的桥梁，将传统文化转化成可视可感的方式，传承与创新并重。这种转化在人们的实际生活的载体中得以体现（图3-3-1）。

图3-3-1 城市设计的转化

你认为成都的哪些特色能成为该城市设计的元素？

成都具有坚韧豁达、飘逸幽默、多元等文化特色，这些均可作为成都进行城市设计的元素。这些可感、可视的

特色均具有相应的自然与文化的内在驱动力，即原发自生性、天人合一、道法自然、生生不息、兼容并蓄等，这种新的形态与新的演化也是城市文化的一部分（图3-3-2）。

图3-3-2 成都的文化特色

成都文化蕴含新与旧的碰撞、东西方文化间的碰撞、传统与时尚的碰撞，既具有北京、上海等城市的现代街区特色，同时还保留了自己的特色，如太古里街区，其根据川西地区的民居特色把地方的古建筑用现代的修复方式保留和改建而成，其中的现代建筑也沿用了古代建筑造型与街区的构成，整体沉淀着城市的文化、现代思潮以及与时尚的碰撞（图3-3-3）。

图3-3-3 成都的街区

成都人民的休闲生活方式丰富，如成都的书店兼具读书、饮茶等多种休闲空间，并且会发现在不起眼处设有卷帘门的茶馆与咖啡厅，其"隐"在商业区，打造一种别有洞天的神秘感。它的这种概念和营造的方法源于川西人"林盘文化"的和谐共生状态。林盘因自然之势而成，体现了人居环境与自然环境的共生关系。林盘本身是一个具有丰富性与多样性的系统，是自然环境、经济生产和社会文化三部分整体协调、共同进化的整体机制，体现了万物并育与生生不息的深层生态学思想（图3-3-4）。

"隐"&"别有洞天"

↓

和谐共生

图3-3-4　成都"隐"于街区的茶馆

3.3.2　巴蜀地区饮食文化

巴蜀地区人们的饮食习惯受什么影响？

　　文学家季羡林教授曾对东方思维模式进行研究，其在《"天人合一"新解》一文中认为，与西方的思维模式相比，东方的思维模式是综合的，更承认整体观念和普遍联系，视人和自然万物为一个整体。因此，可以说巴蜀地区的饮食文化受到"天人合一"的思维模式的引导，达到了一种微妙的和谐。

　　首先，在自然选择和身份认同中达到了"人"与"天"之间的和谐关系；其次，在身份认同和大众文化间达到了"人"与"人"的关系，即人具有社会属性；最后，在身体营养的选择中达到了"灵"与"肉"之间的和谐关系，如四川人的饮食一直在追寻一种人生的平和与和谐，当地的人们选择能够与当地的大众文化产生身份认同感的食物，多数会选择刺激食欲、辛味重的食物来补充能量。时至今日，即使媒介在改变，但"天人合一"的思维模式内核依然延续（图3-3-5）。

自然选择	身份认同	大众文化	灵肉合一
天人相应的生态观	味觉感受中的文化编码		补充营养/刺激食欲/服生快感
人天之间的关系	人与人之间的关系		灵与肉之间的关系
	人生的平和与和谐		

"天人合一"的思维模式

与西方重分析的思维模式不同，东方的思维模式是综合的，承认整体观念和普遍联系，视人与自然万物为一整体。

——季羡林

图3-3-5　成都人的思维模式

巴蜀地区的饮食体现了何种文化精神？

　　巴蜀饮食文化精神主要体现了地方的文化特色，四川旅游学院川菜发展研究中心的张茜教授将巴蜀饮食文化精神总结为"和""廉""变""通""美""乐",即"性味五味调和""用料惜物廉俭""革故鼎新变易""广采博纳融通""产物造化精美""食中有乐,烹以言志"。以巴蜀饮食中的跷脚牛肉为例,它幽默诙谐的饮馔语言以及烹饪态度可以传达出当地人们和乐的生活状态(图3-3-6)。

巴蜀饮食文化精神

"饮馔语言"

和	廉	变	通	美	乐
性味五味调和	用料惜物廉俭	革故鼎新变易	广采博纳融通	产物造化精美	食中有乐,烹以言志

《张茜《论四川饮食文化精神之乐》》
中国饮食科学核心思想:天人相应的生态观,食治养生的营养观,和五味调和的美食观
——熊四智

图3-3-6 巴蜀饮食文化精神

巴蜀文化如何体现在食物设计上?

蔡

巴蜀文化主要与它的自然环境以及社会文化有着深厚的渊源,在食物设计上也有所体现。比如,成都的部分饭店会使用干冰来模拟当地烟雾缭绕的自然风光。每座城市都有自己的特征,追本溯源成都的城市特征,其地貌主要为平原且处于北温带,因此自然产出丰富。其次,古蜀文明由于与中原文化有一定的距离,因此自成一派,具有和乐、祥和的文化基础。在自然环境中诞生的巴蜀文化,在食物设计上也难免体现对自然的描摹,整体表现出天人合一的自然观以及灵动的生命力(图3-3-7)。

图3-3-7 成都的美食

3.3.3 成都的城市品牌逻辑

如何理解成都的城市品牌逻辑呢？

成都的城市品牌逻辑是一种"倚老卖新"的创新逻辑，它既有传承的部分，也有创新的部分。设计师的思维与设计实践的应用贯穿了品牌活动的内与外，不仅把品牌文化可视化、具象化带到消费者面前，同时也把最新的现实生活展现在品牌的拓展识别系统中。内部稳定部分如文化，外部创新部分如科技。在构建成都的城市品牌时，这套品牌学的逻辑同样可以运用到成都文化的研究和实践中。成都的文化是多元化的，而"道文化"是其中较为显性且影响力较大的一种。因此，把"道文化"作为核心可引申为四点，即"悟""味""见""言"，将这四点可以串起成都的社会现实与精神文化，而这些元素也可以细化为日常生活中的美食、文旅、社交方式、健康生活的态度等（图3-3-8）。

图3-3-8 成都的城市品牌逻辑

3.3.4 反思

1. 对于没有突出的特色文化的城市应如何找到城市设计的切入点？

2. 如何识别和挖掘城市中未被充分利用的品牌资源？

3. 地方品牌如何通过服务设计提升其在本地市场的竞争力？

4. 在地方城市背景下，哪些特色服务设计能吸引更多消费者？

5. 如何通过故事讲述等技巧加强地方品牌的文化认同感？

6. 城市品牌如何利用数字化手段拓宽市场和提升知名度？

7. 针对地方市场，有哪些创新的服务设计思路能够提升顾客忠诚度？

8. 地方城市品牌在服务设计过程中，如何有效地收集和利用用户反馈信息？

9. 对于地方城市品牌来说，可持续发展在服务设计中扮演什么角色？

10. 城市品牌如何通过设计建立与消费者之间的长期互动关系？

第 4 章
人工智能与大数据下的设计

CHAPTER 4   DESIGNING WITH
ARTIFICIAL INTELLIGENCE AND BIG
DATA

4.1 | 智能产品与人工智能设计
Smart Products and Artificial Intelligence Design

摘要：当前人工智能（AI）的快速发展，使以审美和精神灵感为内涵的艺术领域及设计领域发生了巨大的变化。有一部分人享受着AI算法带来的便利和惊喜，也有一部分人在担心AI艺术是否还是艺术，AI发展是否会对设计行业带来更深远的影响。在该环境下，艺术设计如何发展，如何让艺术通过AI变得更具创造力和人性化，便成为当今设计师积极思索的主要问题。

我们正处于一个不断变化的时代，面对智能化时代的来临，为了避免AI给我们带来更多负面影响，设计师需要不断学习，丰富自身的核心技能，只有这样才能跟上时代步伐，继续输出设计价值，或多或少地平衡这个世界，让设计师与AI形成更加良好和谐的"人机关系"，做到互相融合、相互推进，才能各取所需，创造出更大的价值。

关键词：AI设计，设计方法和技术，设计过程管理，人机交互理论，数字娱乐

对话嘉宾

吴卓浩

阿派朗创造力乐园联合创始人、清华艺科创新研究院大止科技文创战略研究中心副主任。曾任创新工场人工智能工程院副总裁，谷歌（Google）、爱彼迎（Airbnb）中国设计负责人。

丁肇辰

北京服装学院新媒体系主任，北京市引进港澳台高级人才，意大利米兰理工大学全球学者，中国通信学会移动媒体与文化计算委员会委员。

4.1.1 AI时代的设计行业

AI是否有一定的隐藏风险呢?

尽管AI在某些领域表现得非常突出,但是实际上隐藏着很多的风险,它只负责根据设定的逻辑概率做组合,并没有办法对组合成果的真实性做保障。比如,利用AI程序ChatGPT收集论文资料,它找到的论文资料中的事件或许都是对的,但是事件的年份信息可能都是错的。所以从这个意义上来说,至少在目前,最佳的使用ChatGPT的方式是使用者成为某个领域的专家,能够有足够的能力去鉴别ChatGPT生成内容的真实性。

AI目前在哪些领域产生了积极的影响?

目前,AI在美术、音乐、写作等领域取得了显著进展。在AI的辅助下,美术、音乐和写作领域的创作门槛大大降低,涌现出大量成果,这标志着一个重大的转变:AI的支持使工作不再是个体行为,无论是在美术、音乐还是写作领域,都有一个专业团队可以提供服务。这实际上有助于创作者进行大量低成本、高效率的尝试。然而,由于这些领域本身的复杂性,尚未真正产生出色的作品,这也是一个比较遗憾的地方。

未来的设计方法有什么趋势?

未来的设计方法将呈现出经典与互联网相互融合、不断创新的趋势。经典的设计方法(定性的)是通过用户调研和实验进行测试,通过经验得出设计结果,而互联网的设计方法(定量的)则是通过数据分析得出设计结果。例如,谷歌早些年已经运用互联网的设计方法,分析并选择了谷歌搜索结果页面上的链接模块的颜色。通过一系列严密的实验,他们在不同用户面前随机展示了41种略有不同的渐变蓝色,最终根据数据差异作出了选择,选出在表现指标上最出色的蓝色进行应用。

过去,定量研究在许多领域被认为是不可行的,但事实上,那些传统上不能进行定量研究的领域,如今都成为可能。例如,美食餐厅的服务体验就是从定量研究中得出的。通过分析应用程序上的用户评论,然后定性分析用户行为流程,通过对用户行为流程的分析,能够预测一个产品将如何被人们使用(图4-1-1)。

图4-1-1 设计方法的融合与创新

设计工作可能被AI取代吗？

根据《经济学人》的报道，2037年，机器人将取代人类完成的工作中的47%。这个报道是否应该让设计师警惕并感受到危机呢？实际上，这句话应该更准确地表述为：2037年，人类工作中将有53%的新工作形态是由AI创造的。与此同时，这也创造了大学多年来无法创新的教育模式，AI与设计师的关系并不是"取代"，而是创造了更多新的工作机会。

在《"人工智能"与"设计的未来"——2017设计与人工智能报告》中有一个非常著名的软件案例，可以类比当前对AI发展的担忧，那就是所有设计师都熟悉的Photoshop。1988年问世的Photoshop作为一个颠覆印刷行业的软件，在过去的30年里并没有取代众多排版技术人员，却为相关的出版行业人员带来了比过去高三倍的工资收入。这份报告想表达的意思是：AI在设计行业这个创造性工作中的出现并非为了取代某种工种，而是要让设计师的创新发展与其共同进化，带来更多设计手段与方法上的创新。

4.1.2　AI时代的设计师

如何看待AI生成的设计？

AI可以生成设计是基于大量的数据和深度学习的结果，

但由于乏对世界的深度理解，其生成的设计大部分并不可实际使用，还须经过人们的进一步筛选。比如图4-1-2中的牛油果扶手椅，如果不说这些是AI的设计，人们一定觉得这些设计很新颖，但仔细思考，便会发现其实这些设计并不能直接被使用，需要经过一些挑选和处理才能得到最优的效果。

总之，AI可以根据我们的需求将各种元素排列组合生成设计，但面对决策时，只有人才会发挥在设计当中的决定性作用。人的决策作用也将促成AI根据人们所设定的反馈原则、激励原则不断升级其设计能力。

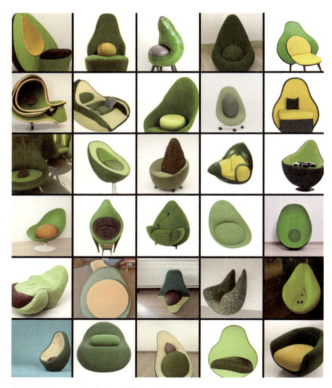

图4-1-2　AI设计的牛油果扶手椅

哪些工作可能被AI所取代?

涉及机械化程度较高且不需要人类同理心的工作,很可能会被AI所替代。然而,对于需要创意或涉及决策的工作,人类的同理心仍然是至关重要的,这将需要人类来主导。因此,总体而言,设计师在未来社会的发展中将处于一个非常有利的位置,设计师需要提升自己,以更好地与AI相结合和互补。

图4-1-3中展示了人与AI共存的模式,从中可以看出,人与AI并非完全对立的关系。人与AI之间最大的共存基础在于能力的互补,在这个基础上,我提出了一个概念——AI创造力。

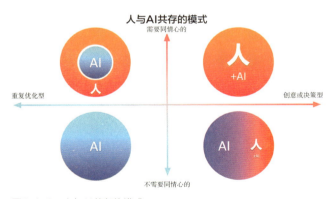

图4-1-3　人与AI共存的模式

可以介绍一下AI时代的"人机共创模式"吗?

"人机共创模式"是一个循环过程的模型,包括五大阶段:感知、思考、表达、协作、建造和测试。

第一阶段是感知。人类的感知可以通过AI的大数据和传感器得到增强。除了人类通常感知世界的感官之外,AI还可以利用各种传感器和网络将大数据转化为有意义的信息和知识,从感性和理性的角度为人类提供更广阔的视野。

第二阶段是思考。AI带来的灵感和探索,远不止人类的思考,人类可以通过AI进行更深入、更广泛的思考。这将打破资源的限制,帮助人类以更深入、更广泛、更彻底但更有效的方式思考,可能会带来意想不到的成就。

第三阶段是表达。人类可以用AI进行更多、更快地探索。不同的想法和不同的理念需要相应的最佳方式来呈现,如绘画、设计、作曲、写作、表演、编码、原型制作……在AI工具的支持下,人们不会因为缺乏天赋或培训而停止创作。创造力比技能更重要。

第四阶段是协作。人类和AI发挥各自的优势。无论是单独工作还是与他人合作,人们总能与AI合作。只要充分了解人和AI各自的优势所在和局限性,并给每一方合理的分配,就能达到最好的效果。

第五阶段是建造和测试。通过AI模拟和分析,生产业可以达到更高的质量和更低的成本。测试让人们有机会预测事情将如何发展,并为现实世界的事件做好准备。通过AI提供的详细模拟和计算,可以有效和高效地处理建造和测试的过程和结果。在这个创造过程中，人与AI可以相得益彰，释放双方的巨大潜力。

当前AIGC工具的发展现状对设计师的创作有何启发？

　　AIGC工具目前的两个特点是：一方面，各领域目前纷纷出现垂直领域的设计辅助工具；另一方面，这些领域内的工具还没有互相配合产生工作流，这导致设计师们在当下还是碎片化地使用这些工具，并且在碎片化的成果之中找到彼此的关系，也就是说，很难实现"头尾一致"的设计创作与方案产出。在设计实践过程中，设计师或者设计总监决定了产出内容的优秀与否。从管理层面而言，首先是全流程"一头一尾"做决策，即"开头提目标，结尾做决定"，同时还要注意过程管理与风险控制，即在过程中进行查验，把握方向，避免错误发展。从设计层面而言，设计师需要赋予AI"以人为师""以人为本""以人为伴"的理念，这样和AI工具的协同合作才会是一个强化与增值的关系。

是否可以谈谈引入AI的挑战与策略？

　　首先，AI是有局限性的，它的数据来源基于对人类文明所积累下来这些东西的学习，AI接收到的是对这些信息的组合概率，它并没有真正理解其内容，一个很典型的例子就是，在AI生成图像的界面中，无论输入的文字是"人骑马"还是"马骑人"，最后输出的图片大概率都是

"人骑马"。所以从这个意义上来说，不论是作为一个个体，还是作为一个团队、一个公司，都特别需要去努力地在新一轮的科技竞争当中构建自主能力，避免从一个依赖到另外一个依赖，最重要的仍然是核心竞争力，即人性与创造力。当所有人都接受了AI，最后的挑战绝对不是机器和机器之间的，而是回归到人性与创造力的。那么，设计师应如何应对AI？第一，要充分地拥抱AI。第二，在了解的基础上进一步思考AI能如何应用和重塑当前正在进行的工作。

4.1.3　未来的AI创造力

如何理解AI创造力？

　　"AI创造力"致力于探索如何运用AI技术来激发人类更出色的创造力，实现人与AI的优势互补，共同创造。如今，我们在谈论AI时往往侧重于技术层面或人机伦理层面，而对于如何实现共创与共生的讨论相对较少。"AI创造力"领域的相关研究主要探讨如何创造性地运用AI技术，激发人类更丰富的创造潜能，涵盖了许多新理念、新策略和新力量（图4-1-4）。

　　"新理念"代表超越时空和人类文明的积淀，实现协同创造；"新策略"意味着发挥人与AI各自的优势，提高工作效率，激发创新；"新力量"包括助力每个个体超越个人局限，实现更全面的创造力。通过这些探索，期望人们打破传统的思维框架，在技术发展中找到更多共融、共创的可能性。

人与AI能力互补

图4-1-4　AI与人类各自的优势

AI对交通行业有影响吗?

AI的迅猛发展确实为未来的交通行业打开了前所未有的局面,也规划了一个可以预见的蓝图。例如,某社交平台上有一则由国外车主上传的视频,视频显示他在高速行驶的途中遇到一辆无人驾驶的车辆疾驰而过的场景。他追上了这辆车,并拍摄了这段在生活中罕见的"惊险瞬间"。在视频中,车主的头似乎斜靠在驾驶座旁的玻璃窗上,看起来已经入眠,双手未握方向盘,车辆完全自主行驶。这种"无人驾驶"在未来可能成为现实。

再举个例子,美国消费电子展(CES)吸引了近2000家全球企业参展。其中,各大车企展示AI产品的区域成为备受瞩目的展区之一,呈现了许多融合前沿技术的概念车和未来出行方案。梅赛德斯-奔驰、宝马、现代、通用等汽车品牌今年都有大动作,而丰田汽车公司更宣布将在富士山下建设一个基于AI的"未来城市",以出行服务为核心进一步开发覆盖范围广泛而全面的产业布局。这个"未来城市"不仅将全面覆盖允许汽车自动驾驶的道路系统,还将结合智慧城市中的智能基础设施、智能建筑与家居、智能服务系统等多个方向,展开对未来设计的大胆尝试。

我们该用什么态度面对AI创造力?

AI并非要取代人类的智慧,而是要取代那些人们不愿意花时间进行的任务。确实,根据多个报告的描述,目前有许多传统的工种在未来三十年内可能因创新技术而消失。随着环境的不断变化和创新技术的不断发展,更多不确定的工作可能会被AI所取代。因此,我们应该保持前瞻性的心态,并提高适应未来工作所需技能。

很多人一谈到AI就会联想到那些能像人类一样进行思考的计算机技术,然而这些技术尚未成熟,我们也无法预知未来还需要多少科学家来完成这项任务的开发。罗德岛设计学院前院长前田·约翰(John Maeda)在他主持的《2019科技中的设计报告》中曾强调过,"设计的理念应以人为本,人的创造力仍然是非常强大的!换句话说,在短期内,AI几乎不太可能取代设计师或人类的创造能力。然而,在AI时代到来之前,作为设计师,你必须熟悉并理解AI的本质是什么,它将带来怎样的变革,并认真考虑自己的工作方式是否能够适应这一变革"。

4.1.4　反思

1. 在前沿科技面前，设计方法有哪些发生了变化，哪些未发生变化？

2. 在AI出现后，传统设计方法会有什么样的转变？

3. 设计师如何与高级AI合作，创造出创新设计？

4. AI如何帮助解决设计过程中的可持续性问题？

5. 在AI的辅助下，个性化服务将如何发展？

6. AI将如何影响设计思维和设计教育的未来？

7. 设计决策过程中AI扮演的角色会是什么？

8. 如何在AI辅助设计过程中保障作品的原创性和知识产权？

9. AI设计工具将如何优化用户体验设计？

10. AI在未来设计中可能出现的伦理问题应如何解决？

4.2 | 新时代、新媒体、新表达
New Era, New Media, New Expressions

摘要：随着新媒体行业的成熟与发展，新媒体运营体已经从早期依靠优秀内容吸引用户、带动传播，到如今形成内容运营、用户运营、商业化运营、品牌运营的完整体系，而内容运营仍然是其运营的核心。新媒体传播具有圈层性、情绪性与不确定性，其中情绪性是其内容传播的核心动力。新媒体区别于传统媒体很明显的一个特点在于，其内容具有即时交互性，因此内容可以给受众带来的情感体验就显得尤为重要，不同情绪可以带来不同的心理反馈，从而指导不同的交互行为，比如点赞、评论、分享等。

因此在新媒体运营中应确保"内容为王"，引导人们进行传播，确保内容能够高度唤醒受众的情绪，这也是新媒体产品在内容与情绪上的表达。这就要求运营者不断创新，并为产品"保鲜"，尽量延长产品的生命周期。产品经理就是能够不断激活新媒体创造力的人，而新媒体运营是一个不断超越自己、挑战自我的创新过程。

关键词：传播链，视觉IP，内容产品，新媒体内容产品经理，跨界混搭

对话嘉宾

吴莺

MediaX的创始人，回国前在美国密苏里大学新闻学院担任助理教授，研究生导师，美国新闻设计协会（SND）国际评委。回国后担任人民日报媒体技术公司设计总监。

丁肇辰

北京服装学院新媒体系主任，北京市引进港澳台高级人才，意大利米兰理工大学全球学者，中国通信学会移动媒体与文化计算委员会委员。

4.2.1　媒体内容产品的生产流程

如何看待信息时代与数字化时代的内容产品及其生产流程?

内容产品生产的第一原则就是传播价值。在内容的生产流程中会采集到大量的数据,这时需要将数据进行信息加工分析,并将海量的数据进行信息的分解,得到信息后再进行打磨,最终挖掘出有价值的部分,其价值需要被用户定义,以满足用户需求为基准,这是生产原则的核心。同时,将产品设计得美观、好用的初衷也是为了使用户满意,从而推动其价值能够更好地传播。

信息时代内容产品的生产流程包括:市场调研与数据采集、策划、制作、运营与变现。到了数字化时代,内容的生产不再是凭空想象,而是以数据作为基准,因此市场调研以及数据采集在生产流程的前期尤为重要(图4-2-1)。

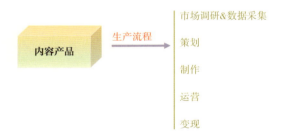

图4-2-1　信息时代内容产品的生产流程

你认为媒介对媒体表达形式有没有影响?

随着人类文明的发展,媒介正经历不断地变化。媒介的变化是互联网发展的必然选择,其会对媒体的表达形式产生深远影响。设想一下,未来的手机屏幕可能会呈现何种形态,手机屏幕是否会像纸一样柔软并轻松放入钱包中,在需要时可以轻松展开;抑或采用投影技术,将手机屏幕随时投射在桌面或墙上,呈现出60英寸的大彩电屏幕形态,并具备各种操作功能,如写字、观影、玩游戏等;又或者实现全息投影,在空中展示立体图像,仿佛与真人进行对话,还可以从各种角度欣赏艺术品,感受身临其境的电影。

手机屏幕的变化之所以如此重要,是因为它的每一次进化都揭示着媒介的演变。当手机屏幕的尺寸在2.3寸甚至1.5寸以下时,手机更像是一种声音媒介,主要用于接听电话和发送信息。然而,随着智能手机将屏幕尺寸提升至3.5寸和5寸以上后,手机媒介的属性发生了根本性变化,从一个声音媒介逐渐演变为更接近电视的、更直观的影像媒介,能够实现一对多的传播。

4.2.2　媒体内容传播发展趋势

媒介的改变对信息的传播方式及其内容有无影响?

当前信息传播的方式逐渐从被动转为主动,人们由最初被动获取信息的角色逐渐转变为内容的消费者与创造者,信息的内容传播也就变成了一种主动参与的模式。随着传播媒介的不断变化,信息的主要传播方式从报纸或书刊的纸媒传播变成了热门的短视频或头条新闻的互联网传播。这些媒介除了带来新的社交方式外，还产生了许多新的社交媒体。社交媒体塑造了目前信息传播的形态，但在下一阶段，这种形态会随着物联网和5G技术的发展，连同信息的传播一起发生质的变化，人们的社交与生活也会迎来巨变（图4-2-2）。

图4-2-2 传播方式从被动变为主动

在信息内容的传播链条中，尽管媒介随着科技的发展发生了较大的改变，但信息内容在发展中并没有过多变化，其依然将文字、图片、音频和视频作为媒介的内核，在该内核的基础上，随着科技的不断发展，媒介的发展带来了用户体验，而整个信息内容从媒介传播到人群的过程可以通过媒介去感受，但总的来说信息内容最终传递给人本身（图4-2-3）。

图4-2-3 信息内容传入人群的传播链

品牌视觉形象对其内容传播有无影响？

品牌视觉形象的成功设计，增强了产品在用户中的视觉印象，也因其对视觉形象制作规范的定义，加快了内容产品本身的制作流程，节省了产品生产的时间成本。媒体视频的视觉IP打造与媒体平台的包装效果可促进内容传播效率，有机会获得社会上的大量关注，同样也可赢得更广泛的市场影响力。良好的视觉形象可以将视觉IP发挥到极致，加强观者的视觉印象。

海外主流媒体对打造自己的市场形象品牌非常重视，国内主流媒体也是同样。比如我们为央视网针对海外用户市场打造的"China Style"视频产品进行了品牌与视觉规范设计。该频道用8种语言向全球传播中国文化，讲述中国故事。其设计的动态logo正好巧妙地利用了央视网英文简写"CCTV"中的字母"C"，将字母C设计为渐变扩散形成传播的视觉效果。这个视觉形象已经在央视网海外社交媒体上成功上线，为品牌的内容传播带来了积极的影响（图4-2-4）。

图4-2-4 央视网"China Style"视频产品的海外多语言视觉规范片尾画面

4.2.3 媒体内容产品

如何成为一名媒体内容产品经理？

　　要想成为媒体内容产品经理，首先需要深入了解产品的整个生产流程，对整个行业有足够的了解，并对时代流行有敏锐的把握。其次，作为内容产品经理，必须具备四种基本能力，即行业知识、商业思维、团队领导力和对新技术的了解。同时，优秀的内容产品经理应该能够纵览全局，不一定要精通每一项技能，但要能够把握整体的生产流程以及对市场的远见。最后，作为内容产品经理，需要在项目中担任主导地位。在这个过程中，产品经理需要不断汲取更多的知识，进行融合和混搭，以发挥更大的作用。具备这种能力的人才将在行业内拥有更多的机会，成为出色的内容产品经理（图4-2-5）。

内容产品经理

行业知识　　商业思维　　团队领导力　　新技术了解

图4-2-5　内容产品经理应具备的能力

互联网时代的新媒体有何特色？

　　互联网时代诞生的新媒体也改变了原有的传播方式，以往只能接收信息的大众如今也可以变成创造者和传播者。互联网让信息无处不在、无所不及，在如今移动互联网和信息科技高度发达的"眼球经济"时代，大众的行为模式和社交方式，甚至媒体行业的格局都已经发生巨大的变化。中国互联网络信息中心（CNNIC）发布的《中国互联网络发展状况统计报告》显示，2020年，中国网民规模已近10亿。其中，网络直播用户规模占到近六成，短视频用户规模占到近八成。此外，传统媒体也在利用创新的思维、先进的技术、多元的手段，紧跟时代步伐，深度挖掘年轻人对社会事件的关注和需求，体现出媒体应该并且可以成为更好的推动力量，互联网也将是新媒体传播的最大推动力。比如，央视新闻借助最新的视频技术手段，以大众运用最为广泛的微信朋友圈作为平台，打造虚拟演播厅，主持人用诙谐幽默的主持方式为广大受众播报。这种形式改变了以往传统的新闻报道方式，使最新信息在大众朋友圈快速传播。

4.2.4　反思

1. 用户如何从低质信息的茧房中跳出来?

2. 在新媒体运营中,内容创作的趋势将如何变化?

3. 用户参与度和互动性在新媒体运营中将如何被重视和提升?

4. 新媒体将如何利用AI和机器学习提高内容个性化?

5. 社交媒体平台的演变将给新媒体运营带来哪些新挑战和机会?

6. 数据分析和用户行为分析的重要性将如何增长?

7. 视频内容在新媒体运营中的地位将如何发展?

8. 在新媒体的发展过程中视听媒体的应用将如何扩展?

9. 隐私保护和数据安全在新媒体运营中将面临哪些新挑战?

10. 新媒体运营如何更好地融合虚拟现实(VR)和增强现实(AR)技术?

4.3 创造物计划——将可持续发展目标作为设计和媒体的创新机会

Creatables—Use the SDGs as an Opportunity for Innovation in Design and Media

摘要："创造物计划"成立于2019年，旨在将游戏开发商、体验用户和其他设计师以及创意媒体制造商和技术人员与组织和商业实体聚集在一起，共同创造可持续的流程、产品、服务和面向未来的创新团队的商业模式。同时，其目标是看到游戏内容中的可持续性问题在（数字）创意媒体和技术（包括时尚产业）中得到解决，并将这些挑战视为创意与创新机会，通过会议、研讨会和社交活动推动这一讨论。"创造物计划"由德国巴登符腾堡州的媒体和游戏推广机构 Medien-und Filmgesellschaft Baden-Württemberg 赞助。在本次对话中，瓦尔兹教授将介绍创造物计划的基本前提，并将展示创造物计划过去的会议精选项目，向听众说明他们如何看待创意可持续性机会。

关键词：可持续发展目标，游戏设计，体验设计，创意媒体，创新技术

对话嘉宾

斯特芬·瓦尔兹（Steffen P. Walz）

大众集团控股软件公司探索官，"创造物计划"（Creatables）联合创始人、美国卡内基梅隆大学娱乐技术中心研究员，澳大利亚斯威本科技大学兼职教授，苏黎世联邦理工学院计算机辅助建筑设计博士，《游戏世界》（*The Gameful World*）作者。

丁肇辰

北京服装学院新媒体系主任，北京市引进港澳台高级人才，意大利米兰理工大学全球学者，中国通信学会移动媒体与文化计算委员会委员。

4.3.1 数字产业面临的问题

数字化教学进程中存在的主要问题是什么?

数字化教学进程当前主要面临的问题是,在其发展过程中人与人之间是否能够产生更多的对话。在过去,人们主要通过面对面交谈的形式进行交流。而如今,学生更习惯于通过数字化手段单向听老师讲课,因此关键在于学生是否能够与老师展开对话,并在对话过程中建立老师与学生之间或学生与国外友人之间的交流。通过这种交流,可以促进学生对文化的理解,不仅局限于进行简单的报告。

如何让老年人理解并践行碳中和理念?

需要通过一种巧妙的方式让老年群体认识到碳中和的重要性。可以让老年人了解碳中和对子孙后代的影响,并激发他们积极改善生活方式,真正付诸实践,实现碳中和。然而,实际付诸实践是我们面临的最大问题,因为让老年人改变行为习惯和生活方式相对较为困难。对于老年群体而言,实践的动机往往源自对子孙的关切,这符合中国社会体制的特点。

是否有通过手机应用程序解决中国老年人实际问题的案例?

我在《点亮健康设计100国际创新案例》一书中提到了2019年上海麦肯广告(MCCANN HEALTH SHANG-HAI)的一个案例,该案例涉及一款用于进行慢性阻塞性肺病(COPD)自查的手机应用程序。调查显示,中国约有1亿人患有慢性阻塞性肺病。然而,由于该疾病引起的呼吸短促症状,人们常常将其误认为是老年人的常见病症,可能会导致患有慢性阻塞性肺病的人得不到及时的治疗。该应用程序将手机变成了一个简易的慢性阻塞性肺病自查工具,并成功地结合了艺术形式、传播媒介和解决方案,使更多人开始关注慢性阻塞性肺病,使患者能够早日接受检查。由于其卓越表现,该项目荣获了2019年戛纳国际创意节的首个"制药狮"全场大奖。

请分享一些游戏领域的可持续发展案例。

这里列举创造物计划虚拟展和生存游戏《终端:灭亡永恒》(*Endling:Extinction is Forever*)两个案例。创造物计划虚拟展基于可持续发展的理念,以多样化的方式营造线上数字贸易展览会,观众可使用虚拟角色走过各个虚拟展台,并与机器人和其他展会参观者如游戏开发商、发行商、主播、媒体代表等聊天,从而了解更多关于创造物计划的活动。观众也可以了解联合国发布的17个可持续发展目标如何与游戏互动、2030年议程的可持续性目标,以及其作为游戏行业的主角对公司的可持续发展将产生什么影响(图4-3-1)。

图4-3-1 创造物计划虚拟展以多元化方式营造线上数字贸易展览会

在《终端：灭亡永恒》的游戏设定中，玩家的角色是地球上最后一只狐狸妈妈，需要悉心照顾自己的幼崽，让幼崽能在游戏世界中生存，玩家需要引导狐狸穿越一个反乌托邦的世界。这款游戏将生存作为主题，非常生动地描绘了现实中可能发生在每个人身上的事情。通过挖掘社会根深蒂固的事物，与玩家产生情感交流并促使玩家思考，是这款游戏描绘可持续性问题的方式（图4-3-2）。

图4-3-2 《终端：灭亡永恒》游戏界面

斯特芬

你在指导学生的过程中，是否有基于可持续发展目标的游戏课题？

丁

《跨世代可持续发展目标游戏》（*Cross Generation SDGs Games*）是2022年由北京服装学院的六位师生组成的团队在一周内制作完成的一套极具创新性的卡牌游戏，内容包括卡牌、表情包与衍生产品等。这套游戏设计的目的是深化跨世代人群，特别是儿童，对可持续发展目标的理解，因为儿童在实现未来全球发展愿景、建设可持续社会中扮演着关键的角色，该产品旨在激励儿童用户在实际生活中积极为可持续发展目标作出贡献。同时，本产品具有全球通用性，基于中英文版本进行卡牌与衍生品的设计，并将多元化中国元素融入设计中，以十二生肖的Q版动物形象为主题外观，突出精彩绝伦的中国传统特色。

2017年，我指导学生们制作了一款帮助年轻人养成良好睡眠习惯的手机游戏《睡眠城市》（Sleep City），这款游戏的设计灵感源自当代年轻人的不健康生活习惯，如缺乏运动、睡前玩手机、熬夜、深夜进食等。为了帮助有不健康生活习惯的年轻用户养成良好的生活作息方式，该游戏以21天为一个周期制订个人睡眠计划，以上床和起床时间为指标，用户只需要保持良好的睡眠习惯即可获得积分，并用此积分来建设游戏中的城市，城市建设的好与坏也能直观反映出用户睡眠作息习惯的优劣。对于设计师而言，有些可持续发展目标并非仅限于医生才能实现的口号，设计师可以通过创造性的思维推动健康设计相关课题的研究。这种形式不仅能够帮助已有成果更好地实施，还能在系统化思考和创意性层面为提高全民健康相关事务提供更宽广的思路，并为进一步拓展和深化"健康设计"打下坚实的基础。

4.3.2　联合国发起的行动

联合国开展了哪些可以进行可持续思想传播的行动？

斯特芬

在纽约联合国总部气候峰会期间，成立了"为地球而战"（Playing for the Planet）联盟，成员将"绿色行动"融入游戏，通过种植数百万棵树木、减少产品中的塑料等举措支持全球环境议程。该倡议在联合国环境规划署的支持下推动"绿色游戏"（Green Game Jam），让游戏产业为环保而战。来自世界各地的超过25家工作室，共拥有超过10亿的集体玩家基础，均已合作并致力于在游戏内外实施绿色激活，如新模式、地图、主题活动、故事情节和消息传递，其主题为保护和恢复森林与海洋。

同时，围绕保护和恢复森林与海洋的主题展开了两项承诺活动："Play4Forests"活动专注于保护并恢复亚马逊、刚果盆地和东南亚等地区的森林；"消失的光辉"（Glowing Gone Campaign）则是一项专注于通过气候保护珊瑚礁的活动，珊瑚礁是四分之一海洋生物的家园。参与者呼吁社区参与这些活动，而请愿书将在未来的联合国峰会上提交给世界领导人，包括今年的联合国气候峰会。

4.3.3　反思

1. 如何通过行动让老年人了解碳足迹、碳中和的概念？
2. 可持续化发展下数字娱乐的方式与构成模式有哪些？
3. 如何通过游戏设计增加公众对可持续发展议题的理解和参与度？
4. 哪些数字媒体策略能有效传播可持续生活方式的信息？
5. 游戏化教育在促进可持续发展教育中扮演什么角色？
6. 如何利用虚拟现实（VR）技术模拟可持续发展策略的影响？
7. 数字媒体设计应如何平衡娱乐性和教育意义？
8. 如何利用数字游戏引导玩家做出符合可持续发展目标的选择？
9. 在数字媒体项目中，如何有效地利用用户反馈促进可持续发展目标？
10. 如何通过电子游戏促进社区层级的可持续发展计划？

第 5 章
设计师需要具备的素养

CHAPTER 5　THE QUALITIES THAT
DESIGNERS NEED TO POSSESS

5.1 | 学生时期必须养成的个人管理能力

Personal Management Skills that must be Developed as a Student

摘要：自我管理是一个自律的过程，而自律是一切成功的开始。美国管理学大师德鲁克说过，"成功必然属于善于进行自我管理的人"，历史上成功的名人都拥有极强的自我管理能力。养成自我管理能力对我们每一个人来说都很重要，特别是在注意力容易被严重分散的场合。无论是在校园里还是职场上，绝大多数人都绕不开"管理"这件事，即使不管理他人，至少也要学会自我管理，让自己的行动价值最大化，是让自己变得更优秀的方法之一。真正改变人生的从不是惊天动地的大事，而是生活中的点滴小事，每一个看似微不足道的习惯，都会在某个时刻影响我们的人生。

关键词：设计师职业管理，2分钟法则，秒表工作法，专注性工作，产品经理

对话嘉宾

鲍宏斌

拥有超过15年的设计、品牌、传播与整合营销经验，在阿里巴巴、奥美、BIGO等公司任职。曾负责淘宝、BIGO LIVE、Likee、IMO、京东、奥迪、华为与三星等国内外客户的工作。

丁肇辰

北京服装学院新媒体系主任，北京市引进港澳台高级人才，意大利米兰理工大学全球学者，中国通信学会移动媒体与文化计算委员会委员。

5.1.1 互联网企业的创意部门级别与管理

你在互联网企业工作，请你给我们简单介绍一下互联网企业整合营销部门的基础架构。

我简要介绍一下在互联网企业的整合营销项目如"双十一"等大型活动的基本架构。图5-1-1中红色部分代表市场体系下的部门分类，包括品牌、传播、媒介和流量；绿色部分包含活动和产品，通常是产品技术的部门分类；蓝色部分技术包含前端、后端与测试，一般是从事技术方向的部门。作为设计专业的同学，未来大部分都会在用户体验设计（UED）中就业，其中包含视觉与交互这两个方向。

这些创意部门的管理级别是如何划分的?

对于管理能力的要求可分为五个级别（图5-1-2），这五个级别也可以应用于制作项目与学生参赛项目中，它们之间的关系是逐层递进的。刚进入职场的年轻人现在可能多数处于第一级别，工作10年或更长时间后，也许能够晋升到总监级别，甚至更高的职级。随着级别的提升，对其管理能力的要求也会不断提高，形成一个逐渐深化的过程。

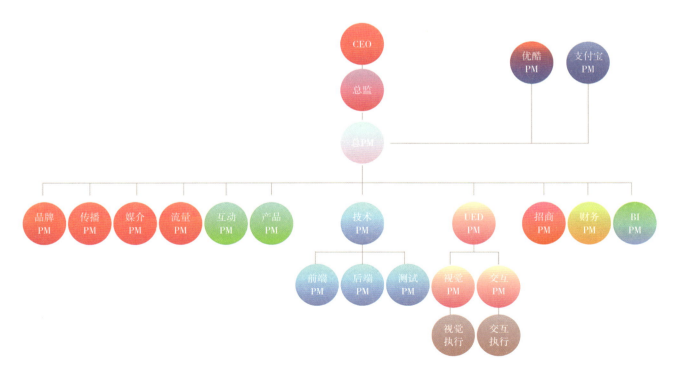

图5-1-1 互联网企业整合营销内部架构

级别1
在指导下进行计划跟踪和监控。

级别2
负责组织实施小型项目。

级别3
独立负责中型项目的实施和运作，预见潜在问题。

级别4
独立负责较大型项目或多项目的实施和运作，进行风险控制。

级别5
负责公司级战略性项目。

图5-1-2　创意部门管理能力要求的五个级别

在这里，我们主要分析第一级别（图5-1-3）。这一层级要求在领导的指挥下，能够进行计划跟踪和监控。具体有三点要求：首先，要熟悉项目管理的基础知识，了解应在何时进行何种类型的工作；其次，在领导的指导下，对已确定的项目进行跟踪和监控；最后，要在计划执行中参与一些辅助性的工作，以协助解决问题。

图5-1-3　第一级别的具体管理要求

你认为职场小白应如何看待企业各层级之间的关系？

我们在职场中通常会分为上、中、下三个层级，相应的有向上管理、平行管理和向下管理三种管理方式（图5-1-4）。向上管理是设计师很重要的一个能力，这要求设计师从上级（leader）那里获取高层的核心信息，方便之后的创意工作。很多同学在做设计的时候，往往花了很多时间但并没有很好的结果，很可能是前期的沟通有问题，没有理解上级传达的核心信息，导致产生了一些错误的方向，影响项目进度。因此，项目前期一定要进行良性的沟通，要不断地反馈。

平行管理指设计师不仅要做好自己的工作，执行好项目计划，而且要和项目中的相关同事协调整体方向进度，使项目顺利展开。其实在平时的日常工作中，包括上学的过程中，我们做项目时也需要不断地与组长、老师去沟通好这些事情，这样才能在规定的时间内实现想要的目标。

在向下管理方面，我提出三点建议：第一，在组织实施小型项目的时候，合理进行任务分解和进度安排，合理的任务分配会让整个项目的推进非常顺利；第二，能够按照总体计划制订阶段性计划以及监控点，并按实际执行情况及时修正项目计划；第三，在项目进行中能及时发现并反馈问题，判断问题的重要程度并解决一般难度的问题。

图5-1-4 内部管理架构的PM

 丁

如果我的目标是在未来成为一名企业管理者，你认为我该如何进行职业规划？

 鲍

首先，建议考虑行业未来可能发展成什么形式，并设想将来可能从事的工作，提前对此有所了解将有助于在职场上更早积累经验。接着，要深入了解实现目标的关键因素，以及在实际情况和有限条件下如何进行任务分解和制订进度安排。在职场中，你可能常常会面临人力不足、项目时间紧张等问题，能够有效协调工作成为至关重要的能力。其次，要根据计划合理调配和充分利用现有资源，以解决项目中的诸多问题。在活动过程中，要充分预见可能发生的问题，并提前确定相应的防范措施和规范，这需要大家有丰富的经验积累。这个阶段还会涉及向下管理，你需要能够有效分配工作，平衡与协调相关同事的进度，以保持高效的合作。在这个时候，你将不仅仅是与设计部门的同事打交道，还需要与技术部门、产品部门以及交互部门的同事进行深入交流。在向上管理方面，你不仅是提出问题者，同时也要能够解决他人提出的问题。

5.1.2 一个设计师的职业竞争力

 鲍

你认为大学生应如何看待"数字裁缝"？

 丁

《财富》杂志全球500强公司高知特（Cognizant）旗下设有一个名为"高知特未来工作中心"（Center for the Future of Work）的研究机构，该机构在2019年发布了一份关于未来工作图景的报告——《你未来的工作》（*From the Future of Your Work*）。该报告从经济、人口、社会、文化、商业和技术的发展角度，列举了从现在开始到2028年可能出现的21个新职业。其中提到的一个职业或许能够为即将毕业的服装设计师们提供一些启示，那就是"数字裁缝"（Digital Tailor）。

"数字裁缝"是在互联网日益便捷的购物环境下崛起的新兴工作，其目的是帮助客户通过互联网购物和消费手段，完成在线订购服装，他们充当"数字导购"的角色，为客户提供服装布料或服饰款式等建议和推荐。此外，数字裁缝还类似于私人顾问，能够提供关于时尚趋势的高附加值咨询服务。这种工作的兴起使个体工作更加创新，不再仅依赖于模板和指令完成工作。未来工作将由个体自行定义，因此保持对知识的前瞻性并提高工作技能尤为关键。只有立足当下且积极关注未来趋势，才能更好地适应行业变化，掌握自己未来的职业发展。

 鲍

你如何看待那些求学时期未曾设想过的工作？

当前许多工作在10年前并不存在，而类似这种情况在未来将成为常态。在这种情况下，"个人知识管理"（Personal Knowledge Management，PKM）不仅有助于你在学业期间提升专业能力更加高效，还能帮助你更明智地判断和解读未来可能的工作机会。我们近来常谈及的"视频博主"（Vlogger）这一职业，在10年前几乎难以想象。如今，视频博主已经发展为一种职业，成功的视频博主甚至可能媲美明星，通过广告、社交媒体管理和赞助交易吸引了数十万甚至数百万的粉丝。

全球拥有超过1亿粉丝的视频博主李子柒，在2020年凭借《中国乡村生活》系列短视频温暖了全球。她的务农生活视频中涵盖制作竹子家具、酿造酱油、烤全羊、制作面包等简单的生活化内容。在大量网络关注的影响下，她开始进入自媒体带货领域，她的柳州螺蛳粉品牌在视频强大的人气推动下迅速占领市场，月销量一度达到几千万袋。这一现象为许多人带来了希望，不仅是在大城市工作的年轻人，也包括小村镇的老年人和儿童，都沉浸在有趣的短视频中，并为自媒体带货行业引入了多种新的销售方式。

你在学校有教授学生们个人知识管理的相关内容吗?

对于我的研究生而言，相关知识的传递可能有，但并非通过系统性课程传递。这主要是因为现有专业课程安排得非常紧凑，如果需要指导学生进行个人知识管理，将会占用正常的专业课程时间。我认为这部分知识的积累可以通过自学完成，我自己在学习和工作的过程中也是通过这种方式实现了个人知识管理。

在现在这个新兴职业层出不穷的时代，个人知识管理可能是最为重要和紧迫的事情。回想20年前我们刚刚有手持电脑设备的时候，被一些像手机一样的个人数字助理（比如Palm）引领进入了"个人信息管理（Personal Information Management，PIM）时代"。那时，PIM通过数字手段收集、存储、管理并帮助用户搜索数据，极大地缩短了我们查找数据的时间。随着时间的推移和科技的进步，我们对个人信息管理变得越来越不满足，因此更加倾向于PKM的概念。PIM与PKM的区别在于"信息"和"知识"两个概念的不同："信息"是未经处理的原始数据，我们每天都在不断接收无数信息，如邮件、短信、视频等，这些数据大多是未经处理的素材，难以转化为有用的知识；而"知识"是信息经过提炼后的结果，是专家或个人的观点，是信息的精华和总结。有许多工具可以帮助个人知识管理，如设计师常用的视觉整理工具Eagle，以及在设计调研期间使用的文献整理工具Zotero等，都是优秀的知识管理工具。善用这些工具或采取正确的个人知识管理策略，将有助于提升个人专业核心竞争力。知识管理不仅适用于企业运营，还可用于学生时代的学习中，良好的个人知识管理能力对提升学生的学习竞争力和未来职场竞争力具有重要意义。

5.1.3　如何管理个人行为

如何通过个人行为管理养成好习惯?

鲍

我在这里分享11个通过个人行为管理养成好习惯的方法。第一个方法是"黄金时间"（图5-1-5）。通常上午的时间价值是晚上的4倍，可以把需要专注力的工作安排在上午。如果会议需要讨论且讨论内容需要进行脑力碰撞，那么最好把它安排在上午进行，因为上午人们的头脑是最为清醒的。如果是需要沟通的会议，就可以将会议安排在下午进行。根据会议的不同性质进行时间分配，可以合理利用时间并且相对高效。

图5-1-5　个人习惯培养方法——黄金时间

第二个方法是"排除杂念"（图5-1-6）。整理外物就是整理大脑，包括整理桌面，每件物品都有自己固定的位置，通常桌面井井有条的人工作能力也较强。"井井有条"不是指我们放得很整齐，而是能很快地知道所需物品在哪，并能快速找到。手机上的各种软件提醒常常会发送不同的信息，尤其是多次提醒的信息，每响一次，我的专注力就会受到一次干扰，工作可能一下子就被打断。那我的做法就是在工作的时候，将手机在一定时间段里设置为飞行模式，这种免打扰的模式虽然会让我错过很多信息，但是同时也能够将我的专注时间延长。

图5-1-6　个人习惯培养方法——排除杂念

第三个方法是"To Do List"，也就是做日程规划清单（图5-1-7）。将每天最重要的5件事情按照重要程度写出来，并且将可能实现的结果也写在清单里，这会让我们非常明确现在最重要的事情是什么。很多时候我们做的事情都是有不同价值的，而这个价值其实也是有先后顺序的，需要按照先后顺序排列事务的优先级，再逐一进行。

图5-1-7　个人习惯培养方法——To Do List

第四个方法是"限制时间"（图5-1-8）。我们要学会用秒表工作法激发紧迫感，提升工作效率，比如在开会的时候限制时间，制定预期目标，在规定时间内盘点清楚所有的结果，并且取得统一意见。

学会利用秒表工作法，激发紧迫感，提升工作效率

举例：会议开始前，定好时间和要取得的结果，然后展开，并取得结果。

图5-1-8　个人习惯培养方法——限制时间

第五个方法是"恢复精力"（图5-1-9）。工作中感到疲劳的时候可以让自己休息5分钟恢复精力，建议闭眼休息，效果最好。

疲劳时，闭眼休息5分钟

举例：大家回想一下，平时做什么才感觉最放松？比如，听音乐、吃美食、晒太阳等。这里有一个有趣的地方，听音乐，用的是"听觉"，吃美食，用的是"味觉"，闻香薰，用的是"嗅觉"，蒸桑拿，用的是"触觉"，就是没有视觉。

图5-1-9　个人习惯培养方法——恢复精力

第六个方法是"ASAP"（As soon as possible），也

就是"越快越好"（图5-1-10）。优先处理需要别人等待的工作，这是在学习和工作时都很重要的一个习惯，当我完成我这部分工作的时候他也可以接着推进工作，这样双方都可以节约时间。

把需要别人等待的工作，放在第一位来处理

举例：工作也要分重要级，尤其是需要别人等待的工作，要尽快完成，节约双方的时间。

图5-1-10　个人习惯培养方法——ASAP

第七个方法是"2分钟判断"（图5-1-11）。当遇到项目中的琐事时，比如你正在做一个设计时，突然收到了一份重要的邮件或者需要紧急填写一个表格，如果我们当时不去做，以后再做的时候需要再次打开邮箱或找某个东西，还要花费更多的时间，还不如当下就把简单的事情先完成，这样便不会积累太多的任务，使自身变得焦躁不安。

遇到项目中的琐/急事，问自己"2分钟"能完成吗？

举例：如回复邮件、填写表格这一类的工作，如果现在不做，之后再打开邮箱，再找寻链接可能还会花费几分钟的时间，不如现在马上做了。

图5-1-11　个人习惯培养方法——2分钟判断

第八个方法是"提升自己"（图5-1-12）。大家在业余时间一定要提高自己的竞争力，了解未来想从事的方向，可以现在着手布局。

习惯08
提升自己

自由时间要用于提高自己的工作能力和技巧

举例：把项目中可能会涉及你不懂或不擅长的地方作为自由时间内需要去攻克的对象，无论是C4D，还是别的什么。

图5-1-12　个人习惯培养方法——提升自己

第九个方法是"超越边界"（图5-1-13）。俗话说，办法总比困难多，我们要突破自身的瓶颈，学会多种角度看问题。遇到问题的时候，不要总是害怕面对，将这些问题看作很好的成长机会，有助于提高自身能力。

超越边界

举例：办法总比困难多，突破自身的局限和瓶颈，学会从多种角度看待问题，也许换个角度，你看到的就不是难题，而是机会，甚至是答案。

习惯09
超越边界

图5-1-13　个人习惯培养方法——超越边界

第十个方法是保证充足睡眠，不管发生什么都不要压缩睡眠时间。学习任务或者说我们的工作量，其实是三个

变量的相乘：工作能力乘以你的工作效率，再乘以你的工作时间，这三个变量相乘得到的是你工作的结果。要想取得一定的好结果，这三个变量里面我认为至少把握两种，比如说你的工作能力很强，你的效率很高，那么你不需要加班你也能做得非常好（图5-1-14）。

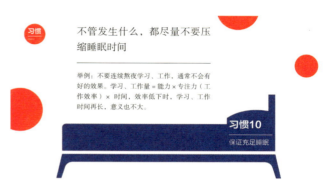

不管发生什么，都尽量不要压缩睡眠时间

举例：不要连续熬夜学习、工作，通常不会有好的效果。学习、工作＝能力×专注力（工作效率）×时间，效率低下时，学习、工作时间再长，意义也不大。

习惯10
保证充足睡眠

图5-1-14　个人习惯培养方法——保证充足睡眠

第十一个方法是"Just Do It"（学会开始）。在遇到项目的时候一定要学会思考我应该什么时候开始去做，而不是说什么时候截止。在会议讨论结束之后，应立刻定下接下来的行动以及下次讨论的相关内容。如果要去做，一定要制订明确的行动计划（图5-1-15）。

立刻就做

举例：会议讨论完之后，应该立刻定下接下来的行动，以及下次讨论的内容和要取得的结果。如果是预约开会，就立马定下会议室，并同步给要参与会议的所有人。这样的例子还有很多。

习惯11
Just do it

图5-1-15　个人习惯培养方法——Just Do It

以上习惯建立之后，个人的生活品质以及工作状态都会得到良好的调整，但是我还想再次强调其中两个特别重要的习惯。第一个就是不要压缩自己的睡眠时间，睡眠是每天最重要的事情之一，如果你在年轻的时候轻视睡眠，牺牲睡眠时间拼命工作，可能会在以后后悔。第二个是要学会马上开始，很多时候我们会不自觉地拖延，而学会开始是一个特别重要的习惯。我们要随时开始去做，而不是习惯性地拖延，只要在开始有了明确的行动，那么接下来的事情将有可能迎刃而解。

5.1.4　反思

1. 如何才能更好地利用碎片时间？
2. 如何制订合理的计划避免半途而废？
3. 在校学生如果未来想成为管理者需要准备什么？
4. 如何逐步培养有效的时间管理技巧，以优化学习和平衡生活？
5. 如何通过设定短期和长期目标来提高自我管理能力？
6. 哪些策略能帮助提升自我激励，保持持续的学习动力？
7. 如何培养良好的习惯，以确保学习材料和环境的整洁有序？
8. 如何学习财务管理，以更好地规划和控制个人预算？
9. 通过什么方式可以增强自我决策能力，从而能做出明智选择？
10. 我该如何建立有效的人际沟通技能以促进更多的合作？

5.2 | 服务设计领导力的培养
Service Design Leadership Development

摘要：服务设计作为面向智能时代各个学科及专业相互协同、互相融合的黏合剂，在发达国家的高等教育体系中已逐步实施对其的培养。在设计教育中，服务设计的价值在于培养具有一定领导力的设计人才，这是因为服务设计的系统性思维、开放性格局、共创的执行方式，以及结果迭代化的验证流程均在无形之中培养了设计人才的领导力。尤其在如今的智能化时代，当设计人文受到高速发展的科技的挑战，设计人文的重建显得尤为重要，其中，将领导力培养列入设计人才素质培养的内容十分必要，领导力也恰恰是设计师未来发展道路上必不可少的一项能力。

关键词：服务设计，领导力，执行力，组织力，审美力

对话嘉宾

陈嘉嘉

教授，硕士生导师，南京艺术学院工业设计学院副院长。现任国际服务设计联盟学术小组研究员、中国工业设计协会设计研究专委会秘书、江苏省工业设计学会理事、江苏省科普美术家协会理事，为江苏省"青蓝工程"骨干教师。

丁肇辰

北京服装学院新媒体系主任，北京市引进港澳台高级人才，意大利米兰理工大学全球学者，中国通信学会移动媒体与文化计算委员会委员。

5.2.1　生活中的服务设计

如何理解服务设计师和服务领导力？

　　"服务设计师"可以有两方面的解读：一方面，服务设计师可以指为可视化、视觉化而工作的人；另一方面，服务设计师可以指拥有创意想法与概念的人，其需要具备一定的决策力与创造力，但不需要亲自做设计（图5-2-1）。

　　对"服务设计领导力"的解读也可以分为两方面：一方面，服务设计领导力可以包括无边界组织、价值体验型产品、多专多能、价值赋能以及共同决策的要求；另一方面，服务设计领导力指可以帮助个人和企业在不同层面上解决相应的问题的能力（图5-2-2）。

　　服务设计领导力除了需要有个人层面的能力外，还需要有在企业层面实现战略层、战术层以及运营层领导力的能力（图5-2-3）。这时我们的角色不再是被动的受训者，而是一个促进者。

服务设计 ｜ 师　　　服务 ｜ 设计师

visualizer　　　　*facilitator*

图5-2-1　"服务设计师"的两种概念示意图

服务设计 ｜ 领导力　　　服务 ｜ 设计领导力

无边界组织
价值体验型产品　　　　　　　个人层面
多专多能　　　　　　　　　企业层面
价值赋能
共同决策

图5-2-2　"服务设计领导力"的两种概念示意图

服务 ｜ 设计领导力

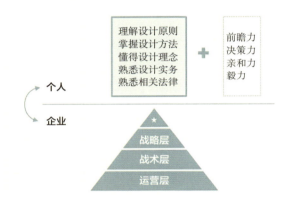

图5-2-3　"服务设计领导力"中的个人层面与企业层面

作为老师，你如何理解"服务设计"？

　　很多人将"服务设计"视为"服务客户"的手段和策略，将其与营销方法联系在一起。我们对"服务设计"这个词的理解有时过于简单和市场化，这也是难以定义服务设计的原因之一。全球服务设计平台服务设计网络（The Global Service Design platform Service Design Network）将服务设计定义为"规划和组织服务的人员、基础设施、通信和材料组件以提高服务质量以及服务提供商与客户之间的互动的活动"。服务设计涵盖的人群不局限于销售行业的客户，还包括整个服务体系中的用户。"用户"可以是客户、参与者，也可以是贡献者、组织者，而且服务设计是一种复杂且综合的设计策略，是通过事物、场所、系统及用户这三方共同构成的设计策略，其目标是改善"用户们"在服务过程中的体验。

事实上，理解服务设计的过程并不是最重要的，最重要的是要认识到设计师必须具备更高层次的社会责任，这就如同40多年前意大利设计师布鲁诺·穆纳里（Bruno Munari）用简单易懂的方式定义设计师一样，他认为"设计师是具有审美意识的规划师，是为社区人群而工作的专家"。穆纳里在这个定义背后想要表达的意思是，精心设计的产品可以默默地让日常生活变得更好，在培养新的生活方式的同时影响一个人的行为与设计师的职业路径。

能否列举一些服务设计的案例？

日本是一个人口老龄化严重的国家，因此日本社会衍生了多项服务老龄人口的策略，这些策略的目标是通过服务设计为整个社会带来更多幸福感。在山口县最大的车站里，最显眼也是顾客往来最频繁的转运大厅被改造成了一个大型"公共图书馆"。这个图书馆并不是由政府文化局经营，而是以私人书店的模式经营。进入图书馆后，随处可见细致贴心的服务。首先，它的空间动线分隔清楚且高效，适合年纪较大的顾客光顾。同时，每个区域门口清晰标示了借书区和卖书区，使顾客能够清楚地根据自己的意愿找到相应的区域，老年人可以选择自己前来，或与儿孙一同共度时光。

像这样的空间与服务系统的规划手段是通用的，图书馆的"借书"功能为更多高龄者提供来到这个空间的机会，让他们能够在平时充满人气的公共场所充实自己，跟上社会节奏，排除孤单感。此外，对于一些老年人而言，大规模的场景设施充满喧嚣，他们更喜欢安静简单的环境，而在一些小地方或老城区，小规模的日托所更受老年人欢迎。这个公共空间的设计在某种程度上承载了社区老人的日托护理服务，协助消除老年人的社交孤独感，维持他们的心理和身体机能，减轻用户家庭的身心负担。这一服务策略使老年人能够更长时间地在熟悉的社区过着愉快的日常生活。

5.2.2　设计领导力

未来的企业组织需要何种领导力？

随着企业组织的发展，领导力也得到了相应的发展。现在，企业的组织结构已经渐渐地从"直线型"发展到了"矩阵型"形态结构，但相比之下，"无边界"组织结构将会是未来企业发展的更好选择方向，这需要未来的领导力有更加"多专多能"的能力进行共创，为团队本身赋能（图5-2-4）。

领导力的发展

过去	现在	未来
直线型组织结构	矩阵型组织结构	无边界组织
功能型产品	服务型产品	价值体验型产品
专业人才	一专多能	多专多能
个人英雄主义	共创	价值赋能
独立决策	共同决策	共同决策

图5-2-4　领导力的发展

如今，无论是大型企业还是小型公司，其组织形态都已经发生了变化，未来的企业组织应该更加关注整个团队的创新力与影响力。相对于结构具体化、等级森严化的企业，未来企业应该具有更灵活的架构，且能够共同合作激发能量以探索不确定的因素，再寻求更好的解决方案（图5-2-5）。

谈一谈你对设计领导力的理解。

设计领导力就好比一个设计团队的负责人，决定着要在一个新的项目中采用何种设计手段和方法论。对于大多数习惯于当前工作方法的团队成员而言，这可能是一个需要适应新形势的挑战。此时的问题并不是设计手段和方法论的完整性和易用性，而是如何引导整个团队按照领导者的方法执行新的设计战略，并逐渐熟悉和应用这个战略在后续的设计工作中。一个领导者可能会面临各种质疑和挑战，只有采取具备包容性的管理策略，才能接受不同人的声音和看法，为新的设计文化创造机会，使更多人能够接受领导者的良好策略和创意想法（图5-2-6）。

5.2.3　服务设计师与设计领导力

我们为何要重视服务设计中的领导力？

服务设计中的领导力并非一个新颖的话题，它在许多行业中都存在。然而，在国内的大多数企业中，设计师与最终

过去和现在		未来
关注工作效率和效能	→	关注学习、创新和客户影响力
企业 = 等级制组织 (等级化的决策权、结构)	→	企业 = 灵活的网络，由团队领导者授权， 通过合作和知识共享激发能量

 企业组织的发展变化

基于职能部门的结构	基于工作和项目的结构
命令式领导	协作式领导
企业文化：畏惧失败、在意他人看法	丰富、冒险和创新的文化
基于规则、流程，有明确的指令	基于方案、项目，有明确的职责
有边界	无边界

图5-2-5 企业组织的发展变化

领导力

以身作则
明确自己的理念，找到自
己的声音。

使行动与共同的理念保持
一致，为他人树立榜样。

共启愿景
展望未来，想象令人激动
的各种可能。

诉诸共同愿景，感召他人
为共同的愿景奋斗。

挑战现状
通过追求变化、成长、发展、
革新的道路来猎寻机会。

进行试验和冒险，不断取得
小小的成功，从错误中学习。

使众人行
通过强调共同目标和建立
信任来促进合作。

通过分享权利与自主权来
增强他人的实力。

激励人心
通过表彰个人的卓越表现来
认可他人的贡献。

通过创造一种集体主义精神
来庆祝价值的实现和胜利。

图5-2-6 设计领导力的合格行为

的决策层接触的机会相对较少，通常设计师所从事的工作主要属于执行层面。要实现从"中国制造"向"中国创造"的转变，设计师需要逐渐参与到决策过程中，但大多数公司尚未建立起完备的设计师成长机制。服务设计中的领导力包括多个方面，如组织力、协调力、审美力、引导力等，引导力、决策力、研究力、执行力、构建力和传达力是其中六种至关重要的能力。在本科阶段，学校需要培养学生们的传达力、构建力和研究力等基础能力，以提高个人水平。而在研究生阶段，学生则需要在此基础上培养起一定的执行力、决策力和引导力，以获得进一步的提升（图5-2-7）。

如果想成为一位领导型设计师，那么其职业发展路径应该是什么样的？

一个领导型设计师的职业路径通常为从初级设计师逐渐迈向管理岗位，当其能够有效地管理设计项目时，其身份就会从设计师转变为领导者。然而，实际上在设计领域中，"管理"和"领导"这两个概念涵盖不同的意义，"管理"意味着完成任务，是对组织和设计团队内部资源进行调控的过程；而"领导"则意味着更准确地完成任务，是对未来的期望和预测。领导者需要有效的整理和解读事物未来的发展路径，并找到适当的解决方案。当然，完成这一过程必须依靠有效的管理和一定的领导力。

图5-2-7　服务设计中的领导力

5.2.4 反思

1. 设计领导力包含哪些核心素质和能力？
2. 在团队合作中遇到意见不统一的时候，该如何解决？
3. 学校在以设计实践为基础的课程里应如何指导学生？
4. 如何借助服务设计的手段提高团队合作效率？
5. 领导在设计项目时，如何平衡创意自由与项目目标？

6. 设计领导力在跨学科团队中扮演着什么角色？
7. 设计领导者如何激励并维持团队的高效率和创造性？
8. 面对快速变化的市场，设计领导者如何保持灵活性和适应性？
9. 如何通过设计领导力来改善和优化用户体验？
10. 设计领导力如何影响着企业或组织的战略决策和创新进程？

5.3 | 刍议米理（Polimi）设计教育与当代设计思维

Ruminations on Polimi's Design Education and Contemporary Design Thinking

摘要：传统工业设计往往聚焦于产品本身的机械特质，这显然不足以应对当下复杂社会对设计的需求。因此，从20世纪60年代开始，人们便从思维方式入手，提出各式各样的创新方法来解决复杂的社会问题，设计思维应运而生。在这种思维方式下，设计师结合所学技能，思考与产品本身直接或间接相关的方方面面，如市场调研、用户需求、商业策略制定等，并将其互相匹配，从而实现设计价值。设计思维本身作为一种思维方式，要求设计师能够发现并理解产品的症结所在，洞察社会需求，提出解决方案，因此能够充分体现出设计师的综合能力，是当今设计教育界绕不开的热点话题。

关键词：米兰理工大学，设计思维，设计范式，抗解问题，设计四秩序

 对话嘉宾

杨叶秋

米兰理工大学设计系设计学博士研究生、同济大学设计创意学院访问学者、伦敦米德塞斯大学访问学者。

丁肇辰

北京服装学院新媒体系主任，北京市引进港澳台高级人才，意大利米兰理工大学全球学者，中国通信学会移动媒体与文化计算委员会委员。

5.3.1 设计思维的来源

谈一谈设计思维的发展历程？

　　谈到设计思维的发展历程，首先要说一下设计方法（Design Methods）。设计方法的出现最早可以追溯到20世纪60年代，这一时期的设计学者主要来自工程领域，设计思维便源自工程学。20世纪60年代，设计学者和实践者们更加关注设计方法（Design Methods），并提出了多样化的设计程序，这些程序不仅形式化了设计步骤，还融合了控制论、系统论和其他科学领域的贡献。克里斯托弗·琼斯（Christopher Jones）的《设计方法》（*Design Methods*）被认为是最相关的著作。此外，克里斯托弗·亚历山大（Christopher Alexander）的《形式综合笔记》（*Notes on the synthesis of form*）也从工程学的角度讨论了设计方法，产生了深远的影响。

　　20世纪60~70年代，设计的"科学性"基于对设计领域进行研究和教学的活动，这一研究的源头可以追溯到20世纪50年代巴克敏斯特·富勒（Buckminster Fuller）的工作，尤其是1956年在麻省理工学院（MIT）开设的《综合预见设计科学》课程。这一时期，设计领域的学术辩论主要集中在如何科学地定义该学科。赫伯特 A·西蒙（Herbert A. Simon）在《人工科学》（*The Sciences of the Artificial*）一书中提供了一个有影响力的理论背景，他在书中通过将设计、人工世界和解决方案联系起来，首次提出了设计是人工造物，不仅属于工程学，而且应该涉及建筑、商业、教育等多个领域。

设计师式思维等于设计思维吗？

　　"设计师式思维"（Designerly Thinking）是一个适用于专业设计师实践和学术构建的术语。设计师思维从设计的角度将理论与实践联系起来，并相应地扎根于设计行业的学术领域，而"设计思维"（Design Thinking）是一个适用于非专业设计实践和学术背景的术语。可以看出，"设计思维"类似于"设计师式思维"的简化版本，它概括了设计的方法和方式，并将其融入其他学术或实践领域，特别是在管理学方面（图5-3-1）。

图5-3-1　设计思维的构建

5.3.2　当代设计思维

请和我们谈谈意大利的创新设计方法论。

谈到意大利的设计教育，就不得不提米兰理工大学设计学院院长路易莎·科利纳（Luisa Collina）教授在回答媒体提问时表示，现在的设计领域呈现多方面领域的交织。对于创新设计，米兰理工设计学院以三个核心要素为支撑。

首先是想象力。作为设计师，必须具备比其他人更优秀的想象力和创造力，这是发现问题并解决问题的重要因素。因此，学生们须关注生活、哲学、科技、艺术、人文等不同领域，不断从中汲取灵感，以激发创造力。

其次是理论研究。设计师需要具备强大的交流能力，这不仅限于语言交流，更重要的是通过图形、色彩等手段传递信息，即掌握信息可视化的能力。学生们必须通过设计方法论学习，并用这样的沟通方式传达自己的思想。

最后是实验性。一个产品从最初的概念形成到最终的方案实施，涉及多个方面，其中包括但不限于材料、结构、工艺、用户和市场调研等。许多知识无法仅从书本理论中获取，这要求设计师具备创新和实践探索的精神，全面了解产品设计和生产周期的各个方面。

传统学科分类的价值和意义在于为跨学科设计教育提供了"跨"的前提。"专门的、专业划分明确的设计学院显然是不必要的"，意大利著名设计师埃内斯托·内森·罗杰斯（Ernesto Nathan Rogers）在他1946年发表的著名文章《从勺子到城市》中如此陈述。由此可见，意大利设计师已经不再局限于实物设计，如家具、汽车和楼房，

还会考虑到服务行业中服务员与消费者的互动关系，思考如何更舒适快捷地解决问题，并考虑优化整个流程的系统设计。

你怎么看待现代设计教育体系？

以德国为代表的功能主义和理性主义的设计教育体系通常呈现出宁静、冷淡的风格。相比之下，意大利的现代设计教育更偏向艺术和人文，其课程多以艺术理论为基础，因而其设计往往呈现出热情、奔放甚至夸张的风格。从学科建设的角度看，建筑学涵盖了许多文化和艺术领域的学科背景，以及对事物整体性的思维方式。意大利设计师大多通过建筑学院接受设计教育，导致了意大利现代设计呈现出的独特面貌。如今步入新媒体时代，社会发展迅速，人们的生活方式不断改变，每天都在面对巨大的信息量，这也许是人们感受能力和思考能力下降的主要原因。创新驱动发展，我们迫切需要一种全新的设计教育体系作为补充，以期重新激发个人的想象力和创造力。只有这样，现代设计才能真正成为为人民福祉而努力的富有意义的行动。

5.3.3 自上而下的设计方式

能分享一个具有代表性的设计思维案例吗？

"四平空间创生行动"（Open your space：Design

Intervention in Spring Community，OYS）是高校专业教学和本地社会公共服务相结合的创新尝试，专注于研究设计如何影响都市社区建成环境的实践项目。其特点包括：从点到线、面的公共空间设计新兴范式；建构公共生活和集体空间的设计态度与愿景；从单向设计转变为社会资源共同参与的主动过程。

有一个源自同济大学的案例——一条荒芜的街道通过OYS的设计活动，成为焕发生机的新街区，社区居民们一同参与的活动变得丰富多彩。可见设计师的作用不仅是创造美观的产品，还有通过活动和服务的方式实现创新的目标。

5.3.4　反思

1. 如何将设计思维拓展到商业思维和组织思维？
2. 请尝试列举批判式设计思维的案例。
3. 如何在设计教育中融入当代设计思维的概念和实践？
4. 设计思维教学应如何促进学生的跨学科合作能力？
5. 如何有效地进行批判性思维和反思性学习的培训？
6. 如何通过设计教育激发学生对环境可持续性和社会责任的认识？
7. 设计教育中应如何平衡理论学习和实践操作的比重？
8. 设计思维的哪些方面最应该被纳入当前的设计教育课程中？
9. 如何让学生做好准备应对未来设计行业的不确定性和挑战？
10. 如何评估设计教育体系中当代设计思维教学方法的有效性？

第 6 章
设计未来与方法论

CHAPTER 6   DESIGNING FUTURES
AND METHODOLOGIES

6.1 | Behavior+：玩转行为设计

Behavior+：Playing with Behavioral Design

摘要：行为设计旨在促成用户的行为发生改变，其应用范围十分广泛，涉及工业设计、服务设计、交互设计、广告策划等领域。创始人福格教授对行为设计的官方定义为，"行为设计是一种帮助人们如何清晰地思考人类行为的模型，也是一套关于多种设计的方法，所以将这种模型和方法结合在一起，称之为行为设计"。相信很多艺术设计专业的同学都听说过"行为艺术"，那行为设计不知道大家听说过吗？虽然俗话说艺术设计不分家，但是其实行为艺术和行为设计是两个完全不同的领域。

关键词：福格行为模型，触发器，游戏化设计

 对话嘉宾

马官正

南京信息工程大学数字媒体系教师。

丁肇辰

北京服装学院新媒体系主任，北京市引进港澳台高级人才，意大利米兰理工大学全球学者，中国通信学会移动媒体与文化计算委员会委员。

6.1.1 行为设计与模型

导致用户行为发生改变的原因有哪些?

导致用户行为发生改变的原因主要有三个方面:用户的行为动机是否被提高、用户使用产品的能力是否被提高,以及是否有契机导致用户触发这种行为。在了解这些原因之后,设计师可以更好地规划用户的行为,以提高用户行为的转化率。例如,假设在学校食堂的情境中,若增设可以达三楼的电梯,可能导致食堂二楼的客流量减少。因此,设计师需要思考如何引导用户从一楼到三楼分散就餐,从而改变二楼客流量的现象,使食堂经营更加合理。

能介绍一下福格行为模型吗?

福格行为模型(BJ Fogg)由一个公式构成,即B=MAT。其中B表示行为(Behavior),M表示动机(Motivation),A表示能力(Ability),T表示触发(Triggers)(图6-1-1)。我们想要促成一个用户的行为,必须满足动

图6-1-1　福格行为模型

机、能力和触发这三个条件。其中的核心要素是动机,若用户对这件事没有动机,那么以上公式是不成立的。动机是无法被设计的,它是用户自发形成的,设计只能提高动机而无法创造动机。第二个要素是能力,即要在设计中使用户感到足够的便利,减少用户的付出。第三个要素是触发,以此来提醒用户,引导用户的行为。

请分享一下行为设计模型的三要素。

第一个要素是动机,指用户进行某项行为的原因(图6-1-2)。设计能够提高动机,从而激发用户潜在行为,如在"购物节"期间,人们可能会大量购物,因为电商平台会大幅降价,用户可以在活动期间购买正值全年最低价的商品。因此,在这个时期,消费者的购物动机得到提高,一旦动机提高,行为就更容易被触发,促使其产生更多的购物欲望。

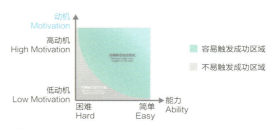

图6-1-2　行为设计模型三要素之动机

第二个要素是能力,主要指设计用户行为时要注意降低用户的行为完成成本,包括时间、金钱、体力、心理等(图6-1-3)。以分期偿还业务的设计为例,它降低了用户的金钱成本,提高了用户的消费能力,激发了购物欲望,从而触发了用户的消费行为。因此,当用户的能力得到提

升时，行为也更容易被触发。

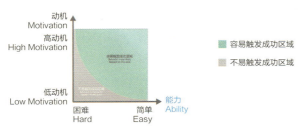

图6-1-3　行为设计模型三要素之能力

　　第三个要素是触发，行为触发只有在用户的动机与能力均具备的情况下才有效（图6-1-4），如"购物节"前发布的广告，可能会使用户将打算购买的物品提前添加到"购物车"中，触发消费者在活动期间进行购买。因此，在容易触发成功的区域放置一个触发器，能够让用户行为更容易被激发。

2017年，福格教授将原先表示"触发"的"Triggers"改称为"Prompts"，它们的意思是相近的。

图6-1-4　行为设计模型三要素之触发

　　行为设计模型图是基于以上三个要素关系的图形，横坐标为能力，从困难至简单；纵坐标为动机，从低动机至高动机；中间的临界值为可以达到"触发"的有效范围（图6-1-5）。A点主要处于高动机、低能力的范围，在绿色的象限中代表有效，如在A点时的代表事件为"炎热的夏天我想吃冰激凌但超市很远"，动机为"天气炎热"，而超市很远使能力有所下降，这时如果有一个"室友在吃冰激凌"作为一个触发事件，就很容易使"我"也有这个行为。B点时

的代表事件为"冬天吃家门口卖的冰激凌"，动机低、能力高，此时如果有一个触发事件也很容易促成"买冰激凌"这个行为。由此可见，在处于绿色范围的前提下，能力很高、动机很低，或能力很低、动机很高，都很容易触发行为。

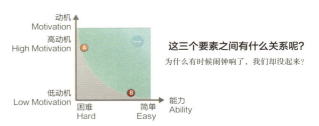

图6-1-5　行为设计模型三要素关系图

6.1.2　影响行为设计的因素

丁

影响行为设计模型三要素的因素有哪些？

马

　　首先是影响动机的要素，包括情感、预期、归属感三大类，这三类又可以细分为六种情绪，包括快乐、痛苦、希望、恐惧、社会认同与社会排斥（图6-1-6、图6-1-7）。在购物的场景下，用户在购买之前会经历一个"兴奋点"，这个兴奋点的形成主要是因为受多巴胺在大脑

图6-1-6　福格对影响动机要素的分类

归属感
Belonging

社会认同
Social Acceptance　社会排斥
Social Rejection

1. 社会认同
2. 稀缺性
3. 权威性
4. 承诺一致原则

图6-1-7　福格对影响动机要素的分类之归属感

中的影响。多巴胺会刺激人们在行动前的兴奋值，因此在动作结束后这种兴奋点就会消失。最后，基于归属感对用户行为进行设计的方法主要包括承诺和一致原则、稀缺性、权威性。例如，英国政府的税务单上采用图表的方式提醒纳税者按时交税（每10个人中有9个按时交税），以此方式来引导人们及时纳税。

　　其次是影响能力的要素，包括时间、费用、脑力劳动、体力劳动、偏离习惯、偏离社会标准。提高能力的设计方法包括减少分心、抽积木设计法、简化选择。首先，减少分心的设计可以节省用户的时间、减少脑力劳动、节省体力劳动和费用。例如，人们读一个字通常需花费250毫秒，阅读时减少100个字的阅读量就可以节省25秒，因此通过优化来减少用户的分心可以更有效地提高用户的能力。其次，抽积木设计法主要是指尽量减去用户的流程，但流程依然成立。最后，采用简化选择设计法可以减轻用户的选择负担。

　　触发主要包括三种类型，分别是刺激、辅助、信号（图6-1-8）。首先，"刺激"是指在用户没有足够动机购买时，设计师需要用设计来激发用户的购买动机，如打折促销等。其次，"辅助"指在用户有足够动机但不知道如何行动时，设计师可以通过设计来帮助用户实施行为，如App的新手页面、商场的地面指示标志等。最后，"信号"指用户既有动机又知道如何行动时，设计师可以通过弹窗、广告

等方式来提醒用户实施行为。触发用户行为的设计策略分为视觉上的和心理上的，视觉上的包括动态的、非正常外形的、非正常颜色的、带有强烈情绪的相关设计；心理上的包括视觉设计、文字描述和激发好奇心。

图6-1-8　触发的类型

6.1.3　行为设计在日常生活中的应用案例

生活中有没有使用行为设计来引导用户的案例？

　　这里列举生活中一个常见的案例。在超市收银台旁边通常摆放一个小货架，上面会摆放一些廉价休闲食品和促销产品，这样客户在结账前能够顺便看到这些产品。在这样的设计下，客户有时在不经过深思熟虑的情况下会产生购买欲望，这种销售手段上的行为设计旨在提升用户的动机和能力。

有没有通过游戏化设计提升用户能力的案例？

　　2020年推出的打车平台"花小猪"是一款打车小程序，该产品的目标客户为城市年轻消费群体，由于这些年轻客户

大多习惯玩手游，因此软件营销人员努力研究如何使用户像打游戏一样熟悉并喜欢上"花小猪"这个程序。在打车促销活动中，该平台采取了许多游戏化策略，其中推荐奖励与任务红包最为普遍。用户通常每天只需要花费一点时间执行平台任务，就能每天领取红包与奖励。其中一个值得一提的红包策略是，在打车过程中，成功打到车后的等待期间，用户也可以领取红包，等待时间越长，能够获得的红包也就越多。此外，"花小猪"还采用了"一口价"的定价方式，用户下单后系统经过地图上的路径预估距离与时长，并计算出一个固定价格。这些设计策略旨在让年轻打车用户提升使用这个程序时的能力，并在完成任务后获得各种奖励，使年轻用户在使用"花小猪"时有玩游戏般的体验。

请分享一个提升用户动机的案例。

用户动机在设计中具有极其重要的地位。用户的动机和能力相辅相成，如同我们一直强调的产品的易用性和可达性一样。如果产品在用户使用过程中的学习成本过高，投入时间过长，用户的排斥感也会增加。而用户在感受不到过多压力，且不需要花费过多时间的前提下，按照设计师规划的行为轨迹行动，就容易喜欢使用该产品。

在这里我想谈一个案例，美国共享车平台Uber曾经花费大量时间研究如何让其车手对开车着迷，就像在打游戏一样。该公司的本质既不是出租车公司也不是公交车公司，其平台上的车手并非正式员工，也没有社保，这是该公司初创时面临的难题。为了让签约车手持续开车并刷单，Uber公司提出了以下几种基于行为设计的奖励策略来提升用户动机。

第一种方法是"新手车手"任务。Uber引入了新手奖励机制，规定完成25单后即可获得奖励。或许你会疑惑：为何是25单呢？实际上，这个数字并非凭空设定，而是由Uber从心理学家和社会学专家的研究中得出的结果。一旦车手完成了25单任务，就意味着他们就逐渐适应了这种奖励方式，并且愿意继续开车。同时，在完成25单任务的过程中，软件会不断弹出信息提醒，鼓励车手继续努力完成这一目标任务。

第二种方法是设定无止境的目标。Uber的程序界面会时刻提醒车手，一旦赚满100元就能获得20元的奖金。也就是说，在车手开车的过程中设定一个100元的任务，一旦完成，程序就会提示车手"为什么不再多做一点，将目标提高到120元呢"。尽管后续目标难度逐渐增加，似乎没有上限，但这看似无止境的目标不会使车手放弃，因为他们的下一个目标实际上很容易达到，从而持续驱使车手使用Uber平台。

6.1.4　反思

1. 行为设计的基本原理是什么？
2. 行为设计模型是谁提出来的？
3. 如何通过行为设计影响用户的决策过程？
4. 在行为设计中，如何识别并应对不良行为模式？
5. 什么是行为设计中的"激励机制"，它是如何运作的？
6. 行为设计如何结合心理学理论来提升产品的用户体验？
7. 行为设计在促进健康生活方式方面可以如何应用？
8. 如何通过行为设计来增加环保行为的采纳率？
9. 行为设计在教育领域有哪些具体的应用实例？
10. 行为设计的伦理边界在哪里，如何确保其不被滥用？

6.2 | 空间、时间、图形的多重想象
Multiple Imagery of Space，Time，and Figures

摘要：动画作为一种独特的艺术形式，在不断变化自身外部特征的同时也不断被纳入更深层次的媒介融合中，动画自身独特的超常态技术特性也对共生出来的各种新媒介催生出崭新的变革动力。动画技术发展到今天，其外在表现形式发生了很多根本性的变化，与20世纪的动画艺术相比已经截然不同。动画特效作为动画技术中的一个重要组成部分，一直在不断地扩展着自身的应用范围与边界。我们通过对这种技术边界的探寻去发现动画艺术对常规电影及其他媒体艺术的影响，其中的重点在于这种助力背后的技术因素。

关键词：天津美术学院，动画艺术，艺术转型，数字藏品，学科交叉

对话嘉宾

余春娜
教授，天津美术学院影视与传媒艺术学院副院长，中国动画研究院研究员，天津美术学院学术委员会委员，佛罗伦萨大学访问学者，跨媒介艺术家。

丁肇辰
北京服装学院新媒体系主任，北京市引进港澳台高级人才，意大利米兰理工大学全球学者，中国通信学会移动媒体与文化计算委员会委员。

6.2.1 信息时代的艺术转型

你认为油画如何突破传统限制与当代动画艺术结合？

油画是一门传统艺术，这一古老的学科包含了深刻的美学含义及艺术理论基础。当代动画在视觉艺术演绎手法上也一直离不开油画艺术的探索与启发。通过研究油画蕴含的美学理论，探索更多的视觉表现手法，从而得到了更加形象、具体，且更具视觉震撼与美感的展现（图6-2-1）。

图6-2-1 油画《圣母子与圣安娜》局部

传统油画是过去人们记录生活的手段之一，可以作为史料研究，其中蕴含许多信息，比如其中体现的面料和设计风格，具体如头巾样式、围巾样式、珠宝配饰等。从中可以了解到当时的纺织工艺、纹样运用，同时，每个画面中都有自己的故事，为现代的服装设计带来启发与设计途径参考。

现代信息技术辅助工具和手段使油画美学和动画可以相结合，在客观上推动了艺术形式的多样化发展，把油画和数字技术两种艺术形式融合得完美、自然，奏响油画和动画语言和谐共处的二重奏，不仅使人们了解绘画在高科技手段下所带来的革命性突破，也对动画表现形式做出有益尝试。

传统绘画与数字化技术如何更好地结合？

设计师应当从传统绘画的造型、构图和审美角度中提取画面传递给观者的信息，将其与现代数字技术结合，创造一种新的表达方式。过去，人们通常采用传统方式进行绘画，而今天我们需要从绘画作品中提取元素，将其与现代数字工具结合，使数字技术能够与艺术专业的发展连接，并充分运用于现代设计。将传统绘画与数字化技术结合，可以将原本在画布上绘制的作品转变为数字化的虚拟作品。现代时尚领域已广泛运用数字技术进行创作，以实现更好的作品展览和展示效果。设计师能够从传统绘画的画面向我们传达的信息中提炼出元素，这些元素可能影响时尚的发展和趋势。例如，尼尔斯·瓦登滕（Nils Wadensten）在Maya、ZBrush等软件中进行写实古典人物创作，通过对人物进行雕刻并应用模型灯光创作数字作品。尽管在审美、结构和分析方面仍然延续着传统的观察方法，但在进一步的创作中，使用的工具和实现作品的技法已经发生了变化（图6-2-2）。

图6-2-2　尼尔斯·瓦登滕的作品

6.2.2　科技创新为艺术创作带来新的机遇

数字艺术自带的学科交叉属性能给个人创作者哪些机会？

数字艺术与传统艺术的不同之处在于，数字艺术本身具有高度的跨学科特性，其既与当今科学技术发展密切相关，又具备独特的综合属性。尽管数字艺术与传统艺术在表现形式上存在差异，但它们之间却有相互补充的联系。数字艺术对传统美术的发展造成了一定冲击，同时也促使美术创作对科技发展进行整体反思，并在观念上进行修正。以最近备受瞩目的AI图像生成软件Midjourney为例。该软件是一款能够通过关键词描述生成图片的AI智能创作软件，使没有美术基础、不擅长绘画的个体也能够成为创作者。前索尼员工Ryo Sogabe就通过Midjourney软件创作了一系列科幻场景作品，如《恸哭的华盖》，该作品整体氛围展现了未来机械文明，呈现出浓厚的后现代赛博朋克风格。尽管这些作品看起来像是由专业漫画家创作的科幻大作，但实际上Ryo Sogabe并非画家，而是一位精通技术的工程师。

如果一个人善于应用软件或文字描述，再加上他具备辨识艺术的眼光，那么他就有可能像Ryo Sogabe一样完成作品的创作，这也意味着传统艺术形式必然会受到数字媒体技术的影响，即使是缺乏艺术基础的个人创作者，只要具备构建数字艺术作品所需的技术和文字表达能力，也有可能成为知名艺术家。

6.2.3　火爆的数字艺术藏品

你怎么看待现在正引起热议的数字艺术藏品？

人们购买数字藏品的目的类似于在现实中拥有豪车和豪宅，这是一种可供炫耀社会地位的象征，用来证明拥有者所持有的"数字复制品"是正统的。区块链技术的出现是为了辅助这种复制品确权工具，这在2019年之前几乎是难以想象的。然而，三年过去后，这种确权工具似乎已经司空见惯，数字艺术藏品甚至成为一种有价值的投资工具。在区块链概念和数字货币成为热潮的今天，数字艺术藏品也成了最受市场欢迎同时也最让人觉得匪夷所思的艺术品。

举例来说，克里斯·托雷斯（Chris Torres）创作了一只名为"彩虹猫"的卡通形象：这只猫穿着一件名为"Pop Tart"的外衣在太空中翱翔，身后拖着一条长长的彩虹。在人们过去的认知里，这种虚拟形象设计仅是存在于Photoshop等软件中的一个数字文档，而且是不需要成本的数字文档，很容易被复制粘贴。然而，随着数字媒体技术的进步和区块链技术的支持，如今该作品已经成为一个热门的数字艺术藏品。这一虚拟形象在转变为数字艺术藏品的同时也伴随区块链的火爆，成为令人难以置信的昂贵收藏品，能够在一流的数字藏品交易平台市场上自由交易，售价甚至超过500万元人民币。

6.2.4　反思

1. 在创作国产动画的过程中如何打造"中国风格"？
2. 艺术家如何利用动画作品探讨社会议题？
3. 在艺术展览中，动画作品如何与观众互动？
4. 动画技术的创新发展如何推动当代艺术的创新？
5. 如何评价动画在跨媒体艺术实践中的作用和贡献？
6. 当代艺术中的动画作品如何反映当前的文化趋势和变迁？
7. 在动画与当代艺术的结合中，哪些艺术家的作品值得关注？
8. 动画在当代艺术教育和研究中扮演什么角色？
9. 如何通过动画介入公共艺术项目，实现艺术与社区的对话？
10. 动画在与当代艺术的融合中面临哪些挑战和机遇？

6.3 | 设计方法论与人工智能
Design Methodology and Artificial Intelligence

摘要：设计是解决问题的方案，其成功需要有缜密的逻辑分析和方法选择，需要在千万种可能性中找出最优解的解决方案，我们称为"方法论"。我们的衣食住行都离不开设计，与艺术的天马行空不同，设计更像是"对症下药"。那什么样的设计才是合适的？好的设计是否有法可循？

设计方法论就是设计师的一把利器，虽然一定程度上抑制了创意的发散，但却能为设计师在没有灵感的时候提供依据，让其按照可重复操作流程进行自己的设计思考。在面对不同的设计需求时，也可为设计师提供明确的步骤与框架，辅助设计师在亿万解中找出最优解，在未来的竞争中占领先机。

关键词：设计方法论，人工智能，时尚设计，媒体设计，计算机算法

对话嘉宾

魏典

意大利时尚文化中心创始人，南京云锦承创空间创意总监，专注于文化传媒领域，时尚&设计企业定制培训，从事米兰时装周，米兰设计周品牌的战略和项目执行。

丁肇辰

北京服装学院新媒体系主任，北京市引进港澳台高级人才，意大利米兰理工大学全球学者，中国通信学会移动媒体与文化计算委员会委员。

6.3.1　设计的维度与设计方法论

你认为在企业运营过程中，影响设计的因素有哪些？

在设计方法论中，影响设计的因素首先是设计环节的维度、设计本身以及设计的创意过程，其次是市场环节的趋势分析，最后是销售环节的传媒（图6-3-1）。

影响设计的因素

设计环节——方法论　　市场环节——趋势分析　　销售环节——传媒

设计的维度
设计本身
设计创意过程

图6-3-1　影响设计的因素

在影响设计的因素中，趋势分析是相当重要的一门学问。通过市场调查、产业分析和消费者访谈等研究，可以推断出未来影响产品发展方向的趋势。目前有许多趋势分析机构活跃在广告界、行销界和设计界。趋势分析与社会学密切相关，因为它随着社会的不断变化而变化，就像股市的起伏会受到一些重大社会事件的影响一样。

项目执行过程中需要考虑哪些设计的维度？

设计的维度涉及哲学层面、历史层面、文化层面、发展层面、国际化层面等。此外，设计的维度还要考虑到功能性、艺术性、时尚感、符号性、情感互动、生活的刚需性、炫耀心理、故事性、趣味性等。作为一名设计师，在思考的过程中需要涉猎广泛和充分发散，从不同维度去考虑设计。执行一个设计方案时，不仅要考虑它的功能性、标识（如logo）、包装和图案的设计，以及尺寸、材质、重量、技术、精加工等设计要素，还要考虑噪声、后续维修、人体工程学，以及更新换代、机动性、使用寿命等与涉及领域的部分。此外，还需要考虑美学功能、消费者使用习惯、流行趋势、社会价值和公众的接受程度等。

6.3.2　综合型设计人才

在未来，我们的生活中需要什么类型的设计人才？

未来的设计师必须具备综合的专业素养。第一，设计师需要具备编程能力，不仅要懂得使用Photoshop这样的绘图软件，还要熟练掌握计算机语言。第二，设计师需要具备经营类知识，懂得营销和推广。第三，设计师需要能够进行跨领域研究，熟练掌握解决问题的方法，对各个领域保持好奇心和探索欲。第四，设计师需要能够改变企业模式，打破传统规则。第五，设计师需要具备社交创新能力，能够积极参与社交活动，其中也包括传媒的领域，即如何利用网络成为一个创新者。

你认为人工智能有可能取代一些设计师吗？

我认为这个答案是在短期内不可能。唐纳德·诺曼（Donald Arthur Norman）认为，人类思维是由创造性思维和重复性思维结合在一起的。人工智能的出现最多只能解决重复性思维所带来的问题，而设计过程中的创造力问题只能由人类解决。举个例子，阿里巴巴的"鹿班"人工智能海报系统曾经在"双11"期间产出了高达4亿张横幅海报，但是如果要评价这些海报的设计，它们在风格上还是缺乏设计师的个人特征。从这个例子可以看出，人工智能在功能性、精确性和工作效率上比传统设计师更有优势，但是它在创新性思维的设计决策和设计产出上还有很大的拓展空间，短期内很难取代当前设计师所执行的常规设计任务。不可否认的是，在信息化与数字化不断发展的当下，人工智能与诸多科技手段都出现在人们的日常工作与生活场景，将对设计行业产生更加深远而重要的影响。

例如，在设计师的常规工作过程中，设计方法论贯穿了整个设计流程。设计方法论是设计师从大量的设计实践中总结出来的对设计过程的指导和论述，并对设计实践起着积极的引导和推动作用，不同的设计方法论将指导设计师如何更好地开展设计工作。将方法论放在计算机专业领域，就等同于"计算机算法和模型"。如果能将设计常用的设计方法交付给人工智能来处理，将会给未来的设计师提供较大工作上的便利。设计师不仅有可能从重复的日常设计工作中获得解脱，还可以合理地利用人工智能来完成更复杂的工作，从众多设计草案中找出最优解决方案，转而更加专注于关注创意的来源。

6.3.3　设计创意的产生

设计师为何要通过信息理解趋势？

理解趋势的核心是处理信息的能力。信息可分为以下几类（图6-3-2）。

第一类是数据（Data），指的是一些收集的数据，比如一天吃了几千卡的食物、做了多少个引体向上等一些活动数据。

第二类是信息（Information），是从数据过渡而来的，指的是将之前数据进行整合提炼，找到一定规律得到简单结果。

第三类是知识（Knowledge），可以通过书籍、课本以及讲座获取知识，将信息连接成知识的结构。

第四类是洞察（Insight），类似于直觉，它是指一个人从多方面观察事物，从多种问题中把握其核心的能力。

第五类是智慧（Wisdom），它是指在收集到前四类信息后最终形成的智慧性结果。

设计师在灵感枯竭时如何产生好的创意？

在构思设计创意的过程中，有几个重要的步骤通常需

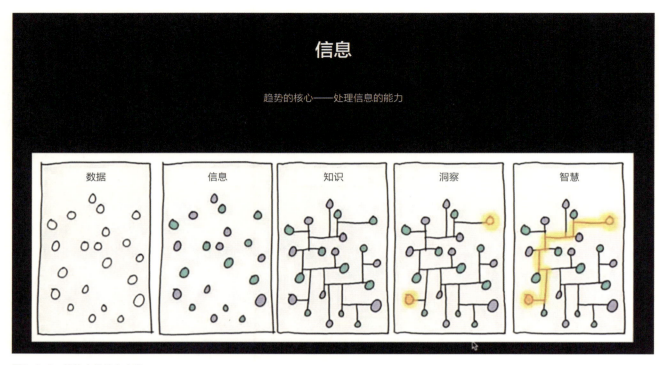

信息

趋势的核心——处理信息的能力

| 数据 | 信息 | 知识 | 洞察 | 智慧 |

图6-3-2　趋势中的核心内容

要紧密连接在一起。首先，设计师需要明确问题（Ques-tioning），一旦问题被确定，设计师就需要定义这个问题，以便将大问题分解成小问题来解决。其次，设计师需要收集与这些问题相关的信息和资料，并对问题进行拆解（Question Breaking-ups），以便更好地理解问题的本质。通过问题拆解，设计师能够更好地了解问题的各个方面，并为解决问题做好准备。最后，设计师需要选择适合解决问题的材料和技术（Technology Scouting），制作出相应的模型，并对模型进行测试和检验，只有通过这个过程才能确保产品的质量。

以上寻找创意的过程看似层层递进，每个步骤之间好像必须紧密连接，但是也不一定完全如此，我们也可以将

其拆解后再执行来满足不同情境下的设计需求，进行弹性而且适当的调整。

6.3.4　反思

1. 随着人工智能的发展，设计行业在未来会产生新变化吗？
2. 西方设计教育方法和国内当前设计教育方法的差别在哪里？
3. 什么是用户中心设计（UCD）方法论？它在设计过程中扮演什么角色？
4. 在设计方法论中，如何通过快速制作原型加速产品的开发流程？

5. 如何应用设计方法论来提升可持续设计的实践？

6. 设计方法论在研究用户体验（UX）时有哪些常用技术和工具？

7. 服务设计方法论是什么？它如何改善服务体系和用户互动？

8. 在设计教育中，设计方法论起到了什么作用？

9. 设计方法论在解决复杂社会问题中的应用有哪些案例？

10. 设计方法论在未来将如何应对不断变化的技术和社会需求？

参考文献

[1] 艾莉森·马修斯·戴维. 时尚的受害者[M]. 李婵, 译. 重庆: 重庆大学出版社, 2019.

[2] 茶山. 服务设计微日记[M]. 北京: 电子工业出版社, 2015.

[3] 茶山. 服务设计微日记[M]. 2版. 北京: 电子工业出版社, 2017.

[4] 朝戈金. 站在民众的立场上: 朝戈金非物质文化遗产研究文选[M]. 北京: 文化艺术出版社, 2020.

[5] 陈嘉嘉. 服务设计: 界定·语言·工具[M]. 南京: 江苏凤凰美术出版社, 2016.

[6] 张茜. 川人食辣问题的文化阐释[J]. 中国调味品, 2016, 41(10):128-132.

[7] 丹纳. 艺术哲学[M]. 傅雷, 译. 南京: 江苏文艺出版社, 2012.

[8] 吉尔·德勒兹. 运动: 影像[M]. 谢强, 译. 长沙: 湖南美术出版社, 2016.

[9] 傅崇矩. 成都通览[M]. 成都: 成都时代出版社, 2006.

[10] 巩淼森. 跨学科: 论设计高等教育的新趋势[J]. 创意与设计, 2010 (2): 32-35.

[11] 黄晨熹. 老年数字鸿沟的现状、挑战及对策[J]. 人民论坛, 2020 (29): 126-128.

[12] 季羡林. "天人合一" 新解[J]. 传统文化与现代化, 1993(1):9-16.

[13] 简·麦戈尼格尔. 游戏改变世界: 游戏化如何让现实变得更美好[M]. 闾佳, 译. 杭州: 浙江人民出版社, 2012.

[14] 鹫田清一. 古怪的身体: 时尚是什么[M]. 吴俊伸, 译. 重庆: 重庆大学出版社, 2015.

[15] 拉哈芙·哈弗斯. 未来、工作、你? [M]. 苏凯恩, 译. 台北: 三采文化出版事业有限公司, 2020.

[16] 李超德. 大数据、人工智能与设计未来[J]. 美术观察, 2016(10):5-6.

[17] 李四达, 丁肇辰. 服务设计概论: 创新实践十二课[M]. 北京: 清华大学出版社, 2018.

[18] 李长莉. 中国人的生活方式：从传统到近代[M]. 成都：四川人民出版社，2008.

[19] 露西·阿德灵顿. 历史的针脚：我们的衣着故事[M]. 熊佳树，译. 重庆：重庆大学出版社，2018.

[20] 刘魁立. 论全球化背景下的中国非物质文化遗产保护[J]. 河南社会科学，2007(1)：25-34，171.

[21] 罗仕鉴，朱上上. 服务设计[M]. 北京：机械工业出版社，2011.

[22] 尼尔·埃亚尔，瑞安·胡佛. 上瘾：让用户养成使用习惯的四大产品逻辑[M]. 钟莉婷，杨晓红，译. 北京：中信出版社，2017.

[23] 丹·希思. 行为设计学：掌控关键决策[M]. 北京：中信出版社，2018.

[24] 钱宇星，李浩，倪珍妮，等. 论坛式网络信息服务适老化困境与应对：以"银龄网"关停为例[J]. 图书情报知识，2021(2):68-78，109.

[25] 孙建娥，张志雄. "互联网+"养老服务模式及其发展路径研究[J]. 湖南师范大学社会科学学报，2019，48(3):46-53.

[26] 王笛. 茶馆：成都的公共生活和微观世界，1900~1950[M]. 北京：社会科学文献出版社，2010.

[27] 王国胜. 服务设计与创新[M]. 北京：中国建筑工业出版社，2015.

[28] 王立剑，金蕾. 愿意抑或意愿：失能老人使用智慧养老产品态度研究[J]. 西北大学学报(哲学社会科学版)，2021，51(5):89-97.

[29] 肖曾艳. 非物质文化遗产保护与旅游开发的互动研究[D]. 长沙：湖南师范大学，2006.

[30] 肖恩·库比特. 数字美学[M]. 周宪，译. 北京：商务印书馆，2007.

[31] 谢菲. 大学生未来时间洞察力、时间管理自我监控与学习投入的关系研究[D]. 南京：南京邮电大学，2020.

[32] 杨一帆，丁肇辰，吴立行. 点亮银发设计：100个创新案例[M]. 成都：西南交

通大学出版社，2021.

[33] 意娜. 国际创意经济发展与中国[M]. 北京：中国书籍出版社，2021.

[34] 张茜. 论四川饮食文化精神之"乐"[J]. 文史杂志,2018(5):63-68.

[35] 张淑君，王月英. 服务设计与运营：30余家品牌企业服务运营深度揭秘[M]. 北京：中国市场出版社，2016.

[36] 赵持平. 另一种设计教育：意大利设计的启示[J]. 装饰,2004(8):16.

[37] 赵朴. 人工智能环境下广告创意人才的培养[J]. 出版广角,2021(6):88-90.

[38] 内森·谢卓夫. 设计反思：可持续设计策略与实践[M]. 刘新，覃京燕，译. 北京：清华大学出版社，2011.

[39] Brown T.Design thinking[J]. Harvard Business Review,2008,86（6）: 84.

[40] CLARKE S E B, HARRIS J. Digital Visions for Fashion + Textiles: Made in Code[M]. Illustrated edition. London: Thames and Hudson Ltd, 2012.

[41] CROSS N. Design thinking: understanding how designers think and work [M]. Oxford: Berg, 2011.

[42] JOHANSSON-SKÖLDBERG U, WOODILLA J, ÇETINKAYA M. Design thinking: Past, present and possible futures [J]. Creativity and Innovation Management, 2013, 22(2): 121-146.

[43] MANZINI E,COAD TBR. Design, when everybody designs: an introduction to design for social innovation [M]. Cambridge, Massachusetts: The MIT Press, 2015.

[44] MORATO J, SANCHEZ-CUADRADO S, IGLESIAS A, et al. Sustainable technologies for older adults [J]. Sustainability, 2021, 13(15): 8465.

[45] NOACK A, FEDERWISCH T. Social innovation in rural regions: Older adults and creative community development [J]. Rural Sociology, 2020, 85(4): 1021-1044.

[46] NORMAN D A, STAPPERS P J. DesignX: Complex sociotechnical systems [J]. She Ji, 2015, 1(2): 83-106.

[47] PAILES-FRIEDMAN R. Smart textiles for designers: inventing the future of fabrics [M]. London: Laurence King Publishing, 2016.

[48] PEETERS M M M, VAN DIGGELEN J, VAN DEN BOSCH K, et al. Hybrid collective intelligence in a human - AI society [J]. AI & SOCIETY, 2021, 36(1): 217-238.

[49] QUINN B. Textile futures: fashion, design and technology [M]. English ed. Oxford: Berg, 2010.

[50] Verganti R. Design-driven innovation:changing the rules of competition by radically innovating what things mean[M].Boston: Harvard Business School Press，2009.

致 谢

诚挚感谢所有受邀参与课程的专家们对于"时尚媒体趋势"课程与本书的大力支持。你们的深刻见解和知识分享不仅极大地丰富了课程内容，还为学生们提供了更广泛的时尚学习资源；你们丰富而且细致的专业知识和经验为本书内容提供了宝贵资源，使其成为一本契合当下趋势且极具实用性的指南。

最后，感谢郝杰、熊红云、杨茜、宋懿老师们在授课过程中的支持，以及那些全方位支持课程并参与其中工作的助教与志愿者。经过这几年的辛勤努力和无私奉献，本书终于在此刻取得了丰硕的成果。你们的支持和贡献在整个过程中起到了至关重要的作用，为本书的成功奠定了坚实基础。

图文汇总：孙佳琦
课程手册：刘愿
课程视频：卫雨田
图文校对：司倩

往届"时尚媒体趋势"课程助教：

王志国、郝 鑫、徐晓明、宣珂心、卫雨田、成欣璐、孙佳琦、司 倩、田家荣、潘 苗、丁炜航、张嘉琦、卢秋安、范家辉、辛佰奇、赵恺文、杨瑾源

后　记

我是如何找到趋势的

丁肇辰

　　时尚前沿趋势往往是创新产物，它可以为艺术创作和设计提供新思路与灵感源泉，促进创造性思维的发展，建立与社会关联性把握先机，提高设计师的竞争力。

　　我寻找趋势的路径归类于三个方面，分别是"人""事""物"。我会用最简单的方式进行趋势探索，从"人"这个角度来找寻趋势是最快、最高效的方法。首先要做的事情是去咨询长期关注趋势的身边的朋友们，这是获取趋势信息最直接、最高效的途径。其次，我会关注视频网站上的博主，这些博主基本上都具备较强的趋势洞察能力。另外，我会定期看一些新闻频道来了解最新趋势，或者通过观看趋势报告来获取趋势信息。按照"人""事""物"的路径来观察趋势，对于每天工作特别忙的我而言是一种容易实施且具有可持续执行力的做法。

从"人"而来的趋势

　　在"人"的方面，我主要关注时尚领域内的关键意见领袖KOL（Key Opinion Leader，KOL），即具有独特见解的专家和学者，以及具有洞察力并时刻把握前沿商机的社会人士，如记者。KOL通常具有更好的商业"嗅觉"，这是他们成为领域内专家必不可少的技能。因此，在检索信息时，比起大海捞针一样获取无关紧要的二手信息，不如紧盯KOL们所关注的信息、发表的文章、转发的信息，了解他们最近关注的领域，及时抓住当下或未来的风口趋势。

在我平日的观察过程中，YouTube是重要的搜索工具之一，了解KOL的信息动态可紧盯YouTube平台。我经常使用YouTube围绕关键词进行趋势检索，该平台作为全球最大的视频共享平台之一，不仅是娱乐内容的集散地，也是学术知识和信息交流的重要渠道，聚集了来自世界各地的教育机构、教授、科研人员以及专业知识爱好者创建的内容，涵盖从基础科学到应用技术，再到人文社科等众多领域，这些内容以视频讲座、实验演示、案例分析等形式存在，为我的学习和研究提供了丰富的视觉材料和直观解释。例如，在平台检索"Top'X'Journalists"，其中，"X"可替换为任意需要查询资讯的关键词，如"Top Technology Journalist""Top Medical Journalist""Top Fashion Journalist"等，皆会出现敏锐的趋势观察者们以"Vlog"（视频博客）形式呈现的采访报道与新闻热点，对于此领域相关信息进行详细的介绍总结，帮助读者快速把握该领域趋势，从而开阔读者的视野，启发读者思考。

以我关注的"小Lin说"频道为例。该频道博主上传的视频涉及金融、经济、科技、人文、社会等多个领域，这种跨领域的知识结合为观众提供了一个全面深入的学习和了解平台。博主的视频以清晰、逻辑性强的方式科普复杂的经济和金融概念，使没有专业背景的普通观众也能够轻松理解，并对这些看似高深的知识产生兴趣。她擅长从宏观的角度解读金融学与经济学知识，不仅能够拓宽观众的知识视野，还能帮助观众建立起对宏观经济环境的深度理解。我还关注了"大耳朵TV"频道，博主以微观的视角和Vlog形式向观众解说最近的科技热点产品或产品开发的新功能使用体验测评，比如苹果公司发售的VR眼镜——Vision Pro的使用体验分享，不仅展示了产品的功能和性能，同时帮助观众在复杂的市场中做出明智的决策。

从 "事" 而来的趋势

在 "事" 的方面，我主要以时尚、健康、经济、科技、品牌、生活和新闻领域的热点话题作为关键词检索信息，包括KOL的视频、新闻报道与平台频道，从中罗列摘录。需要注意的是，YouTube上呈现的趋势信息过多，因此更高效的方法是进行合理快速地分类并进行储存。

在时尚领域，我较常关注Vogue频道，了解最新的时尚资讯与未来时尚的潮流指向标。

在健康领域，我常关注 "柏格医生" （Dr Berg）频道，该医生博主使用通俗易懂的语言录制时长在15分钟内的视频，科普众多关于生酮饮食、饮食疗法等涉及多种健康领域的医学知识。"The Medical Futurist" 频道由拜尔陶隆·迈斯科医生（Dr. Bertalan Mesko）创建，通过视频讲解未来几年中医学的先进技术发展趋势与动态，如2024年最值得关注医疗创新、AI如何帮助优化器官移植匹配过程、AI如何帮助建立身体健康数据库等6项新技术。

在经济领域，我主要关注四个渠道。第一个是《彭博商业周刊》（*Bloomberg Businessweek*），作为国际知名的商业杂志媒体，其提供深度的高质量新闻报道与具备全球视角的数据分析，对读者跟踪了解最新的经济趋势发挥着重要作用。第二个是 "商业周刊" 频道，该频道不仅会邀请名人进行话题讨论，同时还会讲解有关 "经济破圈" 的商业资讯与商业故事，如台北市的南西商圈的赤峰街如何从夕阳产业老街翻转为文青聚集情怀感强的年轻人打卡地，为读者提供了乡村振兴的优秀范例与行为指南。第三个是 "世界经济论坛" （World Economic Forum）频道，该频道实时更新热点资讯，如2024年世界经济论坛的年会论坛——"达沃斯论坛"（Davos）的亮点内容总结回顾，该论坛讨论世界所面临的最紧迫的问题，如全球合作、经济增长、人工智能发展以及气候危机等一系列话题。第四个是"经济学人"（The Economist）频道，该频道常分享的内容涵盖国际新闻、政治、商业、金融、科学、技术的新闻资讯视频，便于读者了解当下的全球热点趋势信息。

在科技领域，我常关注"西南偏南"（South by Southwest，SXSW）频道，该频道的成立依托于美国得克萨斯州奥斯丁举办的综合类活动，包括论坛、互动多媒体、电影、展览以及各种未来商业风口机会。该频道收录名人专家在活动中关于当前话题的讨论，分享个人如何取得成功的经历与对于该领域情况和未来发展独树一帜的见解。此外，我还关注了ColdFusion频道，其由达戈戈·阿尔特莱德（Dagogo Altraide）建立，视频以四类主题为主：科学、技术、商业、历史。达戈戈以时长不超过20分钟的短视频形式，围绕上述四个领域讲解当今前沿科技的最新动态，便于人们快速了解当前话题下的全球趋势动态。

在品牌领域，"IC实验室"是我关注的频道之一，该频道从那些平日里人们常见的现象入手，深挖整个品牌的商业脉络，从一个品牌介绍到它的同类品牌，再延伸到行业的发展，以讲故事的方式描绘出整个品牌的蓝图，和在激烈市场竞争下让品牌生存的热销策略，最大程度上满足用户的好奇心，使用户了解更深层次的知识。"数位时代"（Official）频道是科技财经类媒体，频道视频主要聚焦于前沿的科技、创业、行销趋势，提供深度分析和前瞻性视角，对于想要紧跟时代红利和了解新的商业模式的用户来说是一种宝贵的知识获取途径。

在生活方式领域，我常关注"一条YIT"频道，其通过原创短视频以叙述故事的形式，提供丰富的生活类知识科普视频，如《中国第一位盲人化妆师》《用回收材料在重庆深山造巨人，千万人来打卡》《第一批"00后"住进养老院》等引起年轻人兴趣的生活向视频，大多反映了在当下的社会环境下人们的精神面貌与创新型的生活方式。还有国内的"二更视频"频道，多通过无滤镜视频展示当下中国老百姓最原汁原味的生活状态。

在新闻领域，亚洲新闻台（Channel News Asia，CNA）频道位于新加坡，主要以亚洲地区的视角覆盖全球发展的趋势动态，其频道记者遍布亚洲各个国家的城市，包括吉隆坡、曼谷和北京等。频道节目设置包括财经信息、市场分析、商业评论、科技资讯、生活时尚、人文历史和纪录片等优秀栏目，让观众深入了解亚洲人文和亚洲动态，快速获取最新的亚洲新闻时事。我还关注《天下杂志》的视频频道，在信息爆炸的今天，其视频内容多为关注全球趋势、科技脉动与时事议题，如《做好ESG企业治理，企业应避免哪些风险？》《智慧科技融入区域治理：打造幸福竹县》。该频道帮助观众开阔视野，提高知识储备，更好地理解世界，形成自己对事物的观点和判断。

除上述媒体渠道外，其他媒体也是我查询事情资讯的辅助工具，如小红书平台、TED演讲频道、PechaKucha 20×20频道、Polygon频道、VICE频道、WIRED频道等。

从"物"而来的趋势

在"物"的方面，我主要关注资讯报道的网站媒体，如NTT Reports，报道基于NTT公司的全球数据库NTT DATA，每年都会公开发布多个报告，涉及类型包括数字化协作和客户体验、网络、行业资讯、技术趋势等。埃森哲发布了《未来生活趋势2024》（Accenture Life Trends 2024），该报告不仅报道了当前时代的人与技术和商业间的关系，探讨了客户链接的下降、生成式人工智能的影响、创造力的停滞、技术收益与负担的平衡以及人们的新生活目标，同时还指出未来企业和品牌将面临的大量机遇与转型方向。艾瑞网为业内人士提供了包括产业资讯、数据、报告、专家观点、行业数据库等多方面的报告，帮助人们多方位分析和了解当下中国行业发展模式及市场趋势，如《2024年AIGC+教育行业报告》《2024年中国游戏社交创作者生态创新研究报告》《2024年中国医疗健康产业十大趋势》《2024年中国交易数字化智能平台趋势报告》等。

蔡端懿

我寻找趋势的方法主要有以下几种。在学术领域，一些学术期刊如 *Design Studies*、《装饰》《艺术设计研究》等提供了丰富的研究成果和学术文章，供我们参考和学习。此外，一些知名的设计咨询活动，如米兰设计周以及设计类公众号等，也为我们提供了更多的设计灵感和行业动态。除了学术期刊和设计咨讯，学术论坛和会议也是我们获取知识和交流经验的重要渠道。比如，央美的"未·未来"论坛以及四川大学的"艺术与科学"融合论坛等，都是学术界的重要盛事，汇集了众多专家学者和创意人才，为我们提供了学习和交流的机会。

此外，参加一些学术活动也是我们提升自己的好方式，比如"设计马拉松"等活动，既可以锻炼我们的设计能力和团队合作精神，同时也让我们有机会与其他设计爱好者交流和学习。当然，在寻找灵感和了解最新潮流热点时，一些社交平台也是我们的好帮手。例如，小红书和哔哩哔哩网站等平台聚集了大量与时尚、设计和艺术相关的内容，让我们能够随时随地获取最新的资讯和灵感。

然而，最重要的还是和同学们一起学习。无论是在课堂上还是在学习小组中，与同学们的讨论和交流可以帮助我们更好地理解和掌握语言知识，共同进步。

余春娜

在探寻当下流行趋势的旅程中，我习惯将视野划分为两大领域——海外和国内。这种划分不仅基于不同地区间的语言、文化及习俗差异，也基于这些差异带来的趋势偏好不同。因此，为了更全面地洞察潮流动向，我同时关注海内外的发展。

在追踪海外趋势时，我倾向于使用Instagram等社交平台关注不同的艺术家账号。这样不仅能够快速直接地了解到我感兴趣的艺术家及创作人的最新作品和动态，还能从中洞察到某些潮流的起源。同时，有些设计网站如Artstation和Behance，以其主题分类清晰、内容质量高获得我的青睐。我相信，直接接触这些平台上的最新作品足以让我总结出流行作品的共性，进而捕捉到当代的艺术趋势。除此之外，我也会访问Hyperallergic等艺术新闻网站，这些网站能从不同视角提供关于新兴艺术运动和评价的报道，丰富我的视野。

在探寻国内流行趋势时，我通过微博、小红书、哔哩哔哩网站等具有强社交属性的平台密切关注潮流动向。这些平台因其用户群体的特性，即清晰的用户画像和明确的偏好，成为了解时下大众喜好的有效窗口，使流行趋势得以直观地体现在内容之中。近几年，随着人工智能和计算生成图像（AICG）技术的兴起，生成性AI产品也逐渐成为流行趋势之一。因此，我开始通过Discord和Civitai这两个平台观察AICG领域的新兴技术和风向。这些平台提供了关于AI生成内容的最新进展和相关讨论，让我能够紧跟该领域的最新潮流。

通过这样的双线策略，我既关注国际视野中的艺术创新，又深入国内潮流的社交核心，能够从广阔的视角捕捉和解析当下以及未来可能崛起的流行趋势。

吴莺

新技术在众多领域内引领了一系列革命性的创新，表现尤其显著的是在新媒体领域，这类科技巨头们的创新技术塑造了一个全新的媒体生态环境。我对这些新技术在谷歌、Meta等公司的应用特别感兴趣。AI技术的涌现，无论是在语音产品还是新媒体视觉产品上，都为我们带来了前所未有的创新体验。随着机器人技术的进步，内容载体及用户体验无疑会发生根本性的改变。

在新媒体技术与内容融合的产品开发过程中，我特别关注国际及国内领先的新媒体的创新产品。实际上，这些新媒体产品的开发不仅需要巨额资金，还需要持续的创新支持。例如，美国有线电视新闻网（CNN）就在早期推出了沉浸式的360°视频体验，为观众提供了全新的新闻观看方式。此外，《华盛顿邮报》在被亚马逊的创立者杰夫·贝佐斯收购后，便将大量资源投入内容产品的技术创新。这些案例都表明，随着技术的不断进步和创新，新媒体领域正经历着深刻的变革，为人们提供了更加丰富多样和高度互动的媒体体验。

通过这些巨头公司和领先媒体的不断尝试与创新，新媒体领域的景象变得日益广阔，展现了无限可能。对于像我这样对新媒体技术充满好奇和热情的观察者来说，这个时代无疑是一个观察和学习的最佳时期，使我能够亲眼见证并参与到这场媒体革命之中，探索新技术在新媒体领域内的各种可能性。

意娜

在这个信息化高速发展的时代，保持对前沿趋势的敏锐洞察力是非常重要的。幸运的是，我的一些朋友非常前卫，他们常在微信群和各种自媒体平台分享他们所关注的最新趋势。这些分享对我来说是极具价值的线索，激发了我进一步探索相关领域的好奇心。我采用了一种"关键词学习法"，即通过他们分享的关键词，在网络上进行扩展性搜索，以此来获取更全面、更深入的前沿信息和知识。

同时，为了系统性地获取这些信息，我还订阅了多个我感兴趣的官方网站的电子简报，比如哈佛大学和斯坦福大学的相关学院简报，他们定期发布的最新信息不仅涵盖了学术前沿，还包括了行业动态和重要发现，为我提供了宝贵的学习资源。对于那些不提供电子简报的官方网站，比如联合国教科文组织的官方网站，我会设定固定的时间定期访问，以确保不错过任何重要的信息更新。

因此，通过结合朋友圈中的实时分享和系统性的订阅，我能够有效地追踪并了解各个领域的最新动态。这种主动获取信息的习惯不仅极大地拓展了我的知识面，也为我的学习和研究提供了丰富的素材和灵感来源。随着时间的推移，这种方法已成为我保持自我更新、持续学习的重要途径之一。